高等院校艺术学门类『十三五』规划教材

环境导视设计

HUANJING DAOSHI SHEJI

主　编　徐红蕾　屈　媛
副主编　党　媛　赵　阳

華中科技大學出版社
http://www.hustp.com
中国·武汉

图书在版编目（CIP）数据

环境导视设计 / 徐红蕾，屈媛主编. — 武汉：华中科技大学出版社，2018.10（2024.1 重印）

ISBN 978-7-5680-4369-4

Ⅰ. ①环…　Ⅱ. ①徐…　②屈…　Ⅲ. ①环境设计　Ⅳ. ①TU-856

中国版本图书馆 CIP 数据核字(2018)第 232837 号

环境导视设计
Huanjing Daoshi Sheji

徐红蕾　屈　媛　主编

策划编辑：江　畅
责任编辑：沈　萌
封面设计：抱　子
责任监印：朱　玢
出版发行：华中科技大学出版社（中国·武汉）　　电话：(027) 81321913
武汉市东湖新技术开发区华工科技园　　邮编：430223
录　　排：武汉正风天下文化发展有限公司
印　　刷：武汉科源印刷设计有限公司
开　　本：880 mm × 1230 mm　1/16
印　　张：8.5
字　　数：217 千字
版　　次：2024 年 1 月第 1 版第 5 次印刷
定　　价：56.00 元

本书若有印装质量问题，请向出版社营销中心调换
全国免费服务热线：400-6679-118　竭诚为您服务

FOREWORD

前言

设计是把一种计划、规划、设想通过视觉的形式传达出来的活动过程。原始的设计概念更加突出计划的含义，就是设计为人们创造物质的预见性。随着时代的发展和进步，在设计提供预见性的同时，如何使这些物质更加的美观、实用、协调也逐渐提升到与计划同样的高度。美的设计，能感动人们的心灵；功能性设计，能让人们生活得更加舒适并产生愉悦感，而愉悦感又让人感到安心。所以越来越多的人因为具有美化生活的意愿，从而参与到对设计的专业学习中。

为了适应高等艺术设计教学的改革和发展、全面提升设计专业的系统学习，同时为设计专业学习做到有的放矢，我们特此编写了本书。

“环境导视设计”作为一门新兴的跨学科课程，已经被列入高等院校艺术设计专业的必修课，它的核心是教会学生掌握如何为人们在不同的公共环境中提供清晰、安全、直观的信息，帮助人们在有序的环境中工作和生活。“环境导视设计”内容覆盖面较广，涉及场地调研、导视系统的布局、图形创意设计、字体与版式设计、设计基础、人体工程学、城市规划学、环境景观设计、设计心理学等内容。

“环境导视设计”注重学生实践能力的培养，强调实用性，把基本概念、基本知识、基本技能融于实践当中，加强课内教学与实践之间的互动，让学生通过实地观察，感知导视系统环境在环境中的作用，并进一步加深对理论知识的理解，提高自身分析问题和解决问题的能力。

本书共分为六个章节，每个章节中采用详尽的理论说明与实例分析相结合的方法，对每一个概念和设计手法进行清晰的说明和理论分析。首先从对单一的导视设计原理讲解，向对综合环境设计中导视设计的相关理论讲解及对不同种类场所导视的设计方法的介绍转变，同时与阶段设计练习紧密衔接。其次在技能培养方面，增加将单一的审美元素、造型原则、图形符号语言的训练与实地调研分析、总结策划定位相结合的课程练习。本书设置了 APP 导视应用设计环节，丰富和深入了环境导视系统的类别形式。

本书由陕西高等教育教学改革研究项目和西安建筑科技大学教材建设项目支持，主要面向高等院校艺术设计专业的师生和设计爱好者，课程章节比较全面的设置和教学足以让使用者建立起对设计的系统理解和框架。本书充实的内容、由浅入深的编写及与设

计紧密相连的设计例图能调动学生的学习积极性。

在此要特别感谢华中科技大学出版社对本书出版的大力支持；也要特别感谢西安建筑科技大学艺术学院 2010—2013 级的同学们，他们为本书提供的大量优秀作品都被用作教学素材；还要感谢参与评审和提出宝贵意见的各位专家学者。

由于编者时间、水平有限，书中难免存在不当和疏漏之处，敬请读者批评指正。

编　者

2018 年 3 月

CONTENTS

目录

第 1 章

环境导视概述

1.1 环境导视的概念和作用

1.1.1 概念

环境导视概念产生的时间不是很长，最初是为了解决人们在陌生的地方遇到的困难，以第二次世界大战后发展起来的道路标识为起源。随着科技的不断发展、城市建设的日益进步，人们对出行的要求已经不像过去一样仅仅依靠记忆和经验来寻找目的地，而是需要更多形形色色、与时俱进的导向标识来满足出行需求，开始追求更高层次的视觉美感以及人性化的设计，环境导视因而得到突飞猛进的发展，层次也不断提升，时至今日，已经形成了一个独立完整的系统体系。

环境导视作为一个系统，是在城市公共空间中通过相关媒介的传达，支撑人们在环境中有效行动的综合空间信息系统。这个系统整合了标识以及标识系统作为一个媒介去传达信息，如图形、文字、符号、标识牌和地图等元素，这些元素是在一个基础性空间信息架构中去发挥作用的，由环境和导视两部分组成。前者是导视得以奏效的前提基础，也是导视设计得以施行的依托条件，它使得导视系统不再是一般意义上的设计，而是以环境为前提、以环境因素为源发点的设计；后者是填充前者的视觉元素综合体，起到识别与指引的导向功能。导视最终作用于环境，又与特定的空间环境有着密切的关系。具体地说，环境导视作为公共空间场所中的视觉系统，既是以文字、图形、图像、符号等视觉元素引导人们在特定环境下进行活动的信息设计，同时也是与周边环境相匹配的空间设计。合理的环境导视系统能够给日常生活带来诸多的便利并提升城市文化与形象的魅力。

环境导视系统的存在便利了我们的生活，同时，各式各样的导视设计也起到了点缀与美化空间环境的作用，而以“指示导引”为目的的环境导视系统设计便成为保障公共空间正常运行的重要手段和方式之一，导视系统设计便应运而生。

环境导视系统设计不是孤立的单项设计，是指在人对空间环境布局的认知基础上对导视系统进行有规划的空间信息设计，其注重人在环境中的体验与交流，是融环境、建筑、空间、文化等信息为一体的全方位设计，是在基本概念的基础上，综合运用技术与艺术手段，针对空间环境布局的现状进行系统规划，在任何公共场所均以恰当的位置、最佳的方式提供人们需要的信息，使人与车辆根据正确的信息在复杂的环境中快速并安全到达目的地，由此提高人们的行动效率，提升空间文化和空间形象认同感的空间信息设计。

1.1.2 作用

环境导视系统是人与环境空间之间交流的媒介载体，是将城市环境空间与视觉传达设计有机结合的系统，同时也是人们识别环境，满足人们准确、安全、快速出行需求的必然产物。合理的城市导视系统能够给日常生活带来更多的便利，它通过科学合理的技术与艺术手段将各种视觉元素进行组合，最大限度地利用空间环境，创造出集功能性与艺术性为一体的城市视觉识别系统，传递出被人们识别与认同的导向信息，使人们更加便捷有效地对环境定位和选择认知，同时作为环境的一部分，又能提升城市形象，改善环境空间，指引人们快速高效地生活与工作，这些也是环境导视系统的最基本功能。

导视系统除了具有指引路线、塑造城市形象与改善空间环境的基本功能外，为了满足人们的精神需求，它还代表一种心理取向，愉悦人们在环境中的情感，以此来满足人们日益提升的精神心理需求。同时作为一种文化符号，也是环境文化内涵的呈现，容易让人产生地域归属感，起到凝聚作用。总之，环境导视系统的存在为人与人、人与物、人与环境之间的交流创造了有利条件。

环境导视系统设计作为世界范围广泛应用的专业设计，为生活提供了便利的同时也为新的设计专业提供了规范。它不只是单纯解决一般的“指路”问题，而是在综合运用各种技术和艺术手段的基础上，最大限度地利用环境空间，迅速、安全、便捷地为人们提供一种可视、可依靠、可信赖的行为与心理导向信息，创造出集功能性与文化性为一体化的综合环境导视系统。

1.2 环境导视发展历史背景与发展现状

1.2.1 发展背景

以环境导视为纯粹目的的系统是在近代出现的，但是，从古至今一直有替代物在完成着环境导视系统的功能。人类在几千年前就有出行的需求，他们需要知道自己的出行路线，自然而然地也就积累了一定的导路方法。远古时期，猿人就具备一定的思维判断能力和生存经验，当他们出门远行时，会通过观察星象、太阳、动植物的特征以及时间来判断方向，通过嗅觉、触觉进一步推断路线。

上古无文字，以结绳记事。在文字发明前，导视的最早意义，可以追溯到古代的结绳记事，通过绳子的结来记录事件，通过雕刻树等做标记，这些简单原始的标记符号在人们的寻路行为中起着重要的作用，可以当作导视系统的雏形。随着文字的成熟，导视系统在传达信息与指示路线等方面的功能更加完善，其设计手段也逐渐增加。洞穴里墙壁上绘制的图形和文字最初多是表达人们的祭祀或精神活动，后来慢慢发展成为人类之间交流的方式。一千多年前，美国犹他州人在岩石上刻画的羊群和猎人，就是为了提醒其他猎人在这附近会有羊群出现。再如我国《清明上河图》上面有很多幌子（最早的广告牌）、挂牌，典当行门口有“當”字，酒店门口有“酒”字等，都是传输信息的方式。随着人类文明的进步，人们开始定居生活，建设与自己生活相关的环境、道路、房屋……人们找路的需求由此开始增长。最初的道路和房屋建筑本身就是方位的标识物，人们也开始有意识地用简单的标识或者道路、地点名称的石碑来辨别方位。

随着工业文明带来城市化，城市的结构越来越庞大和繁复，人口越来越多，建筑和交通状况也比先前更为复杂，人们出行时会遇到迷失方位的情况，于是出现了为人们指引道路和方向的系统，包括了图形和文字，成为现代平面设计中的一个非常重要的体系，即导视系统。导视系统的英文为“wayfinding”，意为“找路”。20 世纪 60 年代，美国的建筑师和城市规划师凯文·林奇在其关于城市空间的著作《城市的意象》中发明并解释了“导视”一词：“导视是人们在感知和记忆的基础上，周围环境在头脑中形成的过程。”直到 20 世纪末期，环境导视系统才在世界范围内得到系统推广和发展。“导视系统”属于新兴的合成词，甚至在辞海中也没有正式的概念解释。通常我们还将其称作标识系统、导引系统、指示系统、视觉识别系统等。20 世纪 80 年代，美国环境心理学家罗美迪·帕西尼（Pomedi Passini）在出版的专著《建筑中的导视系统设计》和他与 Paul Aurthur 合著的《导向与人、标识与建筑》中都揭示了人的空间认知方式，清楚地提出“wayfinding”是一个动态的空间问题的解决行为，第一次把原来仅局限在标志设计的概念推广到平面传达设计中，扩展了标识和图形传达方式的概念，提出了建筑的内在因素：空间语法、逻辑空间、视听传达、地图系统以及给特殊需要人群的导视信息传达系统。可见，现代环境导视系统设计从这个时候开始真正确定了比较稳健的发展方向和体系。

国内的环境导视系统设计发展很晚，比欧美等发达国家晚 20 余年。20 世纪 50 年代前后，我国的工业发展尚处于初步阶段，改革开放以后，中国的城市面貌发生了翻天覆地的变化，导视系统在中国城市的发展中开始起到越来越重要的作用，城市化也促进了环境的改善和信息化程度的提高。起初国内的一些研究者还只是把环境导视系统当作标志设计的一种，并没有与标志设计区分开来，还处在概念和名词很模糊的阶段，只是把它当作标志符号这一类。从 20 世纪 90 年代末期到 21 世纪，国内一些业界人士开始发现环境导视系统设计是不同于标志设计的一种系统化、理论化、专业化的设计，开始赋予其新的定义，并开始重新探索和研究导视设计方法和道路。

在资料和文献的撰写方面，我们国家有如下进展：法律上，根据《中华人民共和国标准化法》（1989 年 4 月 1 日），制定了《中华人民共和国标准化实施条例》（1990 年 4 月 6 日）和《公共信息标志图形符号》（1988 年首次发布）规定，从一定程度上促进了某些特殊场合导视系统的标准化，使导视系统内容明确、易于识别，使地区与地区之间没有交流障碍，让不同文化程度的人们都能读懂识别和认可。另外，中国标准化研究院战略研究所的导视系统字体的标准化研究、肖勇和梁庆鑫的《看！导视系统设计》、赵云川等的《公共环境标识设计》等，都为中国未来的环境导视系统设计提供了方向和理论依据。

环境导视系统设计使得环境对人类的服务水平有了进一步的提升。过去将信息人为的设置在空间中，需要人根据自身的需求去有意识地寻求所需的信息，之后逐渐转变为环境对人主动提供所需信息，希望让人更加自然地行走在一个看似自然，实则是精心布置的信息环境中，让人们无意识地就可以获取信息，顺其自然地就可以找到自己的目的地。

1.2.2 发展现状

环境导视系统设计最早产生于欧美，在设计和实施国家标准化方面，国内的环境导视系统设计也慢慢在与国际接轨，虽然与发达国家的导视设计还有很大差距，但随着国际化进程的加快，我国从 20 世纪末就开始针对如何解决城市导视系统设计的标准规范化问题，展开了一系列的调查、学习和研究。经济的发展和城市立体化的延伸，使我国进入了公共标识设计领域待发展时期，为城市环境导视系统标准的制定和统一带来了新的契机。

虽然导视设计在当今城市建设中有了一定的发展，但我们应该看到公共导视设计和城市环境空间发展还有很多不能同步之处。主要存在以下问题：

1. 公共导视的缺失

在人流聚集的公共场所，必要的公共性导视缺失是一个普遍存在的问题。这些公共导视的缺失表面上看不存在多大的问题，似乎可有可无，但如果不设置此类导视，往往会造成严重的后果。如果在行人穿梭的马路路口不设置慢行的黄色警示灯，就会导致司机不减速而造成车祸；如果在公共游泳池的深水区没有设置深水区水线和请勿戏水的警示标志，不管是对大人还是儿童，都非常危险。这些看似细小的导视牌，在关乎人身安全上却起到至关重要的作用。

2. 信息密度不平衡

信息密度的不平衡正是导视系统规划不合理导致的。导视的位置摆放和所需数量没有合理安排，有的地方甚至不能满足人们的需求。当我们在车站内寻找路径的时候，会发现站内的导视信息非常丰富，但很多时候过量的信息会使得我们在站内找不到合适的信息。然而当我们来到站外时，会发现导视信息变得很少，这种分布的不均衡与不合理，会让人产生一种摸不着头脑的感觉。

3. 信息不符合标准

导视信息的布局应该严格遵循国际标准和国际惯例，使其设置规范化、系统化，图形与文字应便于公共识别认知，避免语言和识别障碍，同时应根据人们的行为习惯和人体工程力学的原理，合理控制标牌的高度、视距、间距以及字体大小等。比如：远视距为 25 到 30 米，中视距为 4 到 5 米，近视距为 1 到 2 米；悬挂高度为 2 到 2.5 米；中英文字体的大小比例为 3：1；字体以标准中文黑体字为主，连续设置的间距为 50 米。导视信息不规范、拼写错漏、语法混乱、用词不当等都容易让人产生误解和疑惑。

4. 信息识别性不强

这是导视设计中常见的问题。导视的视觉效果不强烈，导致信息识别困难。另外，导视符号颜色用错也是导致这一问题的关键因素。比如在一些大型公共场所的楼道里贴出的“火警疏散图”标识中，标识安全出口的图形和标识疏散方向的尖头本该用绿色，结果全部用了表示禁止的红色，表达了相反的意思，成了限制性标识。这样会误导人们的判断，并产生不必要的麻烦和后果。

5. 导视设施品质低

这是现代中国许多城市环境导视系统存在的最为严重的问题。城市环境导视系统是一个城市视觉文化重要的表现形式，而导视设施的陈旧与落后、材料的粗糙、颜色的不和谐、造型的俗气等问题不仅使得其功能性不强，而且也没有体现导视设计的美感。

6. 弱势群体欠考虑

大部分的导视基本是以视觉表现为主的导视，针对的是身体健全的人群，但我们生活的群体中还有不同身体残障的人群，不应忽视他们，他们和健全人一样都享有公平享受社会设施的权利，导视设施应充分考虑到特殊人群的需求。比如在十字路口导视中，通常只有对健全人的红绿灯的视觉提示，缺乏诸如发声装置和触摸认知等对视觉障碍者的导视帮助设施，应注重这方面的人性化设计。

7. 缺乏文化性特征

导视作为视觉形象的一种表现，也是地域文化特性的呈现，是城市根基的表达，因此，环境导视系统应运用各种形式来传达城市的文化底蕴，但目前环境导视系统的设计与当地文化特点结合得还不够，没有很好地做到对城市文化的传播，在这一点上应强化思维的深层认识。

1.3 环境导视设计的社会价值与意义

城市，是一个充满活力的地方，这个有机而无序的整体可以令任何初来乍到的客人感到兴奋，但有的时候，也难免产生尴尬，不熟悉的环境会使你浪费很多时间，迷路或不敢深入到更远的地方去。一个城市的现代化文明发展程度，包含着公众对城市空间环境的整体印象和评价，尤其在当今这个国际交流与旅游业快速发展的时代，公众通过视觉、听觉、触觉所接收到的城市环境信息则显得十分重要。偌大的一座城市如果没有环境导视系统的指引，没有视觉识别系统的支撑，其结果不可想象。

随着城市规划水平的提高，生活环境越来越复杂，人们每天都要通过各种出行方式去接触所在的环境，在出行过程中将不可避免地遇到迷失方向的问题，此时最需要的就是环境导视系统为人们提供有效、安全、有序的视觉导向信息服务，引导与指示人们在复杂的环境空间中找到正确的方位。从本质上看，环境导视系统是将公共环境与视觉传达设计有机结合的系统，在体现大都市功能的同时，以无言的服务、无声的命令提高都市的管理效率和水平，同时表现出大都市的形象和魅力。它不仅仅是环境的补充，并且满足了人们在日常公共活动中的基本需求，它是城市文化氛围和环境形象的重要组成部分，为人与人、人与物、人与环境之间的交流创造了有利条件。环境导视系统几乎涉及城市的每一个角落，人们的生活也越来越依赖于公共环境导视系统。

导视是环境空间信息的重要组成部分，使人能够识别特定空间的使用功能，也是现代建筑人性化设计的重要组成部分，并已融入社会生活的方方面面，帮助人们节约时间、节约能源、节约成本、提高办事效率。环境导视系统对城市的意义，从宏观上来说，它的标准化建立与实施，能够提高城市软环境的设施水平，改善城市的投资环境，提高城市的总体形象水平和国际竞争力；可以促进城市旅游事业的发展，弘扬城市的文化，提高城市可读性；可以提高社会活动的效率，从而为城市带来巨大的经济效益与社会效益。从微观角度上来说，可为个人甚至外国友人的出行、旅游、工作等提供无声的畅通交流与指引，为人们提供便捷舒适的城市环境与友好的文化氛围。可以说，城市环境导视系统的设计和建构不仅是城市交通和动向的灵魂，还是凸显城市形象与文化特征的重要因素。

1.4 环境导视系统的特征

1.4.1 识别性

这是环境导视系统的最基本特征，也是环境导视系统设计的首要目标。环境导视系统设计的意义在于如何更有效地传递信息，使受众接收并有效利用，而前提条件则是信息是否被识别与认知。因此，识别性作为环境导视系统的重要特征之一，将直接影响环境导视系统的功能发挥。环境导视系统必须要有其鲜明的识别性，可通过设计导视牌的尺寸大小、图形的排版、摆放的位置、文字的大小、间距以及色彩的对比等影响环境导视系统视觉效果的因素，用最节能的指示方式准确传达信息，使受众准确地理解和获取信息，如图 1-1 所示。

图1-1　德国Maxi Job欢乐马克西店铺

在实际应用中，要根据不同场所的需要和特点设置导视系统，以满足使用者的不同要求。采用不同角度、不同悬挂方式以满足人们视觉的快速识别。比如：在较为广阔的环境空间内为使环境导视系统更加醒目，更好地发挥其作用，在设计尺度上通常都相对较高，以便能使人们在较远处就能明显地看到并寻找目的地；在机场、车站等人员流动较为频繁的场所可使用高牌机作为导视系统，便于人员的高效识别。

1.4.2　系统性

城市的生活环境错综复杂，如果不使用导视系统来引导人群，那么整个环境一定是混乱无序的状态。环境导视系统的系统性特征主要就体现在它的有序与统一上。环境导视系统的设计不是孤立的设计，也不是单纯的系列设计，它是一种系统性很强的设计，其本身就是一个庞大而复杂的信息识别系统，包含的内容非常丰富，涉及的学科及领域也十分广泛。对一个特定的空间环境进行分析与规划时，环境导视设计将会按照特有的空间进行系统性的规划设计，其表达各个作用的导视设计将会以系统化的方式展现在这个特定空间中。

导视系统在不同的空间应用中需要系统化设计，例如在一个大空间里设置总索引，在每个区域板块设置分索引，同时在尺寸、文字、色彩上都要严格统一与规范，如图 1-2 所示。

图1-2　拉妮特公司办公室导视系统

1.4.3　符号性

符号是对某个地点、某种服务、某种行为的速记图像表示方法，是概念的视觉化，作为一种直观的传达方式，起到辅助识别的目的。

环境导视系统的符号性特征，是将文字、图形、色彩等视觉元素符号化，通过简约、专有的符号将原本复杂的信息提炼为有序化、条理化、理性化的信息传达给受众，从而使受众在短时间内获取信息以解决其迷失方向的基本问题，如图 1-3 所示。在环境导视系统的设计中，对符号的运用，影响着导视设计的思维表现与表达，也正是由于它的存在，导视系统设计的信息传播才会更加的准确、严谨，表现手法也更加的丰富。

图1-3　三井智能城导视系统

1.4.4　科学性

环境导视系统的科学性主要体现在对导向元素的合理布局与分类上。包括科学地掌握人的移动路线以及结合人体工程力学中的受众视觉心理和行为特征来进行规范有序的规划。科学性重在将单独的人、环境及二者间的关系处理得有依有据、合情合理。依据人的视觉习惯、空间环境的客观条件，综合人与建筑环境信息、符号、字体等要素，按照先后、主次的顺序进行设计，使整个导视系统的设计在满足基本功能的基础之上实现其科学性，如图 1–4 所示。

图1–4　弗罗姆街自行车专用街道

思考与设计

1. 举例说明环境导视系统在公共空间中的作用体现。
2. 环境导视系统的特征有哪些?
3. 针对环境导视系统的现状问题，你有什么好的改进想法?

第2章

环境导视设计的要素

2.1 环境导视图形符号

2.1.1 图形符号的概念

符号是平面化的视觉传达工具，它是把某个概念视觉化的过程。导视图形符号是一种在空间环境中有自身独特构成原则的图形，是对某个地点、某种服务、某种行为的速记图像表示方法。图形符号与目标对象之间相似度越高越易于识别，而越抽象、地域性越强、民族文化性越独特的符号相对也就越难识别。导视图形符号基于其特殊的信息指引功能，必须强调其规范性、系统性、通用性和科学性，以便于不同年龄、不同文化水平和使用不同语言的人都能够快速、准确地解读该图形符号所要传递的信息（见图 2-1 和图 2-2）。

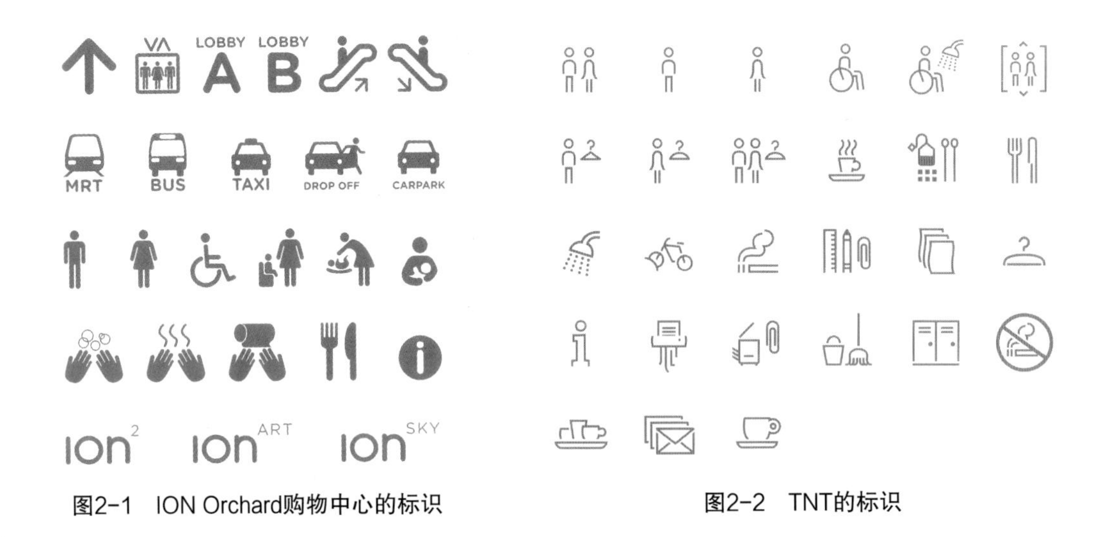

图2-1 ION Orchard购物中心的标识

图2-2 TNT的标识

2.1.2 图形符号的作用

符号是信息的携带者，是信息外在形式的物质载体，信息需要通过符号才能得到表达和传递。自古以来，人类的信息传递都是通过符号的形式进行的。远古时期，文字未被发明以前，人类的祖先就有利用石头在岩壁上凿刻象形记事图形来表达愿望、传递信息的做法。时至今日，随着社会文明程度的增强、城市化进程的发展，符号成为人类认识客观世界和表达主观情感的基本媒介。信息传播即事物符号化和解读符号的过程，信息传播的重要前提是信息传递者与信息接收者双方以符号为中介，来达成共同意义的空间。在环境导视设计中则需要以文字、色彩和图形作为视觉元素构成具体的图形符号，它的基本作用是传递公共场所中的地理位置、方向等信息（见图 2-3 至图 2-5）。

图2-3　常用图形符号(1)

图2-4　常用图形符号(2)

图2-5　波士顿儿童医院标识

2.1.3　图形符号的基本设计原则

图形符号的本质在于它的功能性，功能是图形符号最基本的诉求，也是其设计的初衷。符号作为环境导视系统信息传达的媒介载体，为受众提供指引和导向，其功能首先涉及准确与效率的问题。一个成功的标识设计是能够积极充分地发挥引导、指示方位的作用的，因此，在图形符号设计中应遵循以下几个原则。

1. 易识别性

易识别性主要体现在图形符号的醒目性和可读性上，图形符号必须是寓意明确的，不会因地域、文化、民族、语言的不同而产生错误、模糊、歧义的表达，是让受众者能够快速、准确解读其信息的符号。因此，导视图形符号一般在视觉形式上呈现出高度概括的简约风格，大多采用形式简洁、清晰易懂的几何图形作为基本元素（见图 2-6 和图 2-7）。

图2-6　WHS设计工作室导视系统标识(1)

图2-7　WHS设计工作室导视系统标识(2)

2. 准确性

图形符号因“意”因“象”而生，任何符号都只在一定范围内被理解，只有传递者与受众一致准确理解符号的含义才能达到传递信息的目的。从理论上讲，图形的直观性和简明性可以在很大程度上减少阅读中的文化隔阂与语言差异，提高对目标文化理解的兼容性与协同性，但不可避免的地域、民族文化的差异性给图形符号的认知增添了一些困难，使图形符号在解读和运用上产生了些许的不确定性。所以，符号的设计一方面要渗透设计者主观上的理解和思维，另一方面要考虑到更深层次文化的共性和特点，研究目标人群的共通性特征，这样才能抓住共性，把握整体，找到对应的符号形态，使标识被更广泛的人群理解和接受。对于某些禁止类、警示类符号，标识信息的不准确可能会造成危害安全的事故。因此，准确性是衡量导视图形符号的重要标准（见图 2–8）。

3. 统一性

所有的图形符号应具有统一的特征，如尺度、色彩和属性。在庞大的公共空间环境体系中，经常会有多个导视系统共存。那么，同一组导视信息要有其高度的统一性和连贯性才能帮助使用者准确地找到目标位置。

4. 美观性

图形符号还应包含一定的审美功能。大多数标识在公共空间环境中是长期存在的，作为环境公共职能的一部分，图形符号应该是美观的、与城市环境形象相协调的，并有助于营造优美的空间环境。环境导视系统应该成为城市文化艺术景观的一部分，从而彰显出一个城市的文化艺术特色。标识的艺术化是时代发展和文明进步的需要，也是人们

图2-8 第29届北京奥林匹克运动会体育图标

文化素养的体现和审美心理的需要，艺术性、美观性强的标识更能吸引和感染受众。

2.1.4 图形符号的类别

1. 方向指引类图形

方向指引类图形是在环境导视系统中运用最多的图形符号，在导视图形符号设计中，箭头作为一个重要的设计元素得到了广泛应用，尤其是在城市交通、共用空间的导视系统中。

箭头有指引方向的作用，它的设计是环境导视系统中重要的设计环节。随着城市规模的扩大、知识经济全球化的影响，在城市道路交通及公共环境中，逐渐对箭头使用的形态形成了一套规范，如向左、向右、掉头、环岛、分叉等（见图 2-9 至图 2-11）。

2. 公共信息类图形

公共信息类图形是指以图形、色彩和必要的文字、字母或者其组合等，表示所在公共区域、公共设施的用途和方位，提示和指导人们行为的图文标志，用于指示出目标对象属性的信息，如停车场、休息厅、洗手间等（见图 2-12 和图 2-13）。

3. 禁止类图形

禁止类图形是用于表示履行某种行为命令以及需要采取的预防措施的限制图形。它是一种规定性图形，其作用是向人们传达包括限制、强制、禁止等含义在内的否定信息，具有一定的强制性。禁止类图形主要应用在有相关法律法规依据的环境中，最常见于公

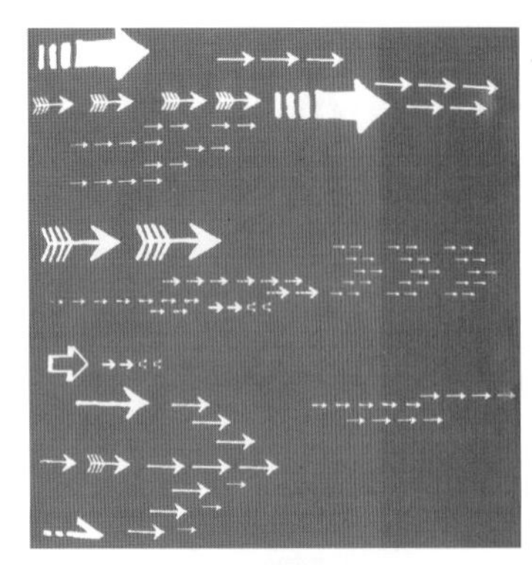

图2-9　箭头符号

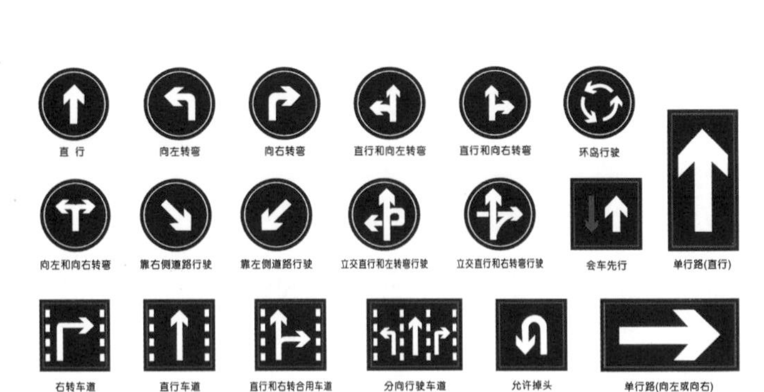

图2-10　城市箭头系列

图2-11　奥斯纳布吕克大学导视系统

图2-12　公共信息类图形(1)

图2-13　公共信息类图形(2)

路交通的导视系统中，作为交通法规的一种图形表现，起到约束行为、维护秩序的作用。

禁止类图形在形式上多为叠加式组合，通常会用“○+\”或“×”表示否定的图形叠加在其他可单独使用的肯定图形上而形成（见图 2–14 和图 2–15）。如禁止吸烟，如

图2-14　禁止类图形(1)

图2-15　禁止类图形(2)

果把表示否定的图形去掉，就是吸烟区的符号了。禁止类图形的颜色一般采用高纯度的红色，因为红色是最能刺激人类感知的色彩，对视觉的冲击效果最强，具有火焰、防范、否定的寓意。

4. 警示类图形

通过符号或文字来指示危险，向人们传达安全预警信息，提醒人们在有安全隐患的空间环境中注意从而提前做出正确判断的提示图形符号。

与禁止类图形相同，警示类图形也是叠加式符号，但与禁止类图形不同的是，警示类图形内的图形符号大多不会单独使用。警示类图形的设计包含两方面内容，即外形与内部图形。外形主要起到吸引视线的作用，内部图形则起到表达具体信息的作用，两者相辅相成。我国目前使用的警示类图形与国际标准一致，采用三角形的外形，含义清晰、内容简洁（见图 2-16）。

5. 指令类图形

用于表示履行某种行为的命令以及需要采取的预防措施，如佩戴安全帽，穿戴防护衣、防护鞋、眼罩等（见图 2-17）。

图2-16　警示类图形

图2-17　指令类图形

贝拉云康威酒店的标识符号和贝拉云康威酒店的导视系统分别如图 2-18 和图 2-19 所示。

图2-18　贝拉云康威酒店的标识符号

图2-19　贝拉云康威酒店的导视系统

2.2 环境导视的字体与版式

2.2.1　导视系统字体

在环境导视系统中，虽然图形可以传递一定量的信息，但文字的重要性仍不可替代，比如一些复杂的信息必须通过文字才能更准确地传达。因此，选择恰当的导视系统字体尤其重要。导视系统的字体可以作为一个独立的设计环节存在，除了选用现有的字体以外，也可以专程为某项导视系统设计专用的字体。例如，1968 年由瑞士设计师 Adrian Frutiger 为法国戴高乐机场的导视系统所专门设计的 Frutiger 字体，字形简洁大方、比例协调，有极强的辨识度且非常符合当时的机场建筑风格，赢得了很多人的青睐。这套字体后来被深化为印刷字体（见图 2-20 至图 2-22）。

Exit
Ausgang
Sortie

图2-20　Frutiger65粗体

Exit
Ausgang
Sortie

图2-21　轮廓线为Frutiger Next中粗体

如何选择字体、字号、规格，首先应遵循可读性和易识别性两个原则；其次，还需要联系字体所在的空间环境、空间主题、空间大小等因素。

1. 字体的大小

字体大小的选择要根据导视系统中信息量的多少、观者的阅读距离和移动速度来决定。科学研究表明，人的视力辨别程度会随着移动速度的增加而降低。因此，字体大小的选择还要根据导视系统所服务的环境属性而设定。例如，商业中心、公园、医院等观者以步行移动速度识别的导视系统字体的大小，与城市路面或高速公路等交通指引系统字体的大小，是有较大区别的。如之前提到的 Frutiger 字体在瑞士高速公路的指示牌系统中使用时，由于汽车行驶速度很快，指示牌上字母间紧凑的距离有可能造成重叠的视觉干扰，于是设计师 Adrian Frutiger 在原 Frutiger 字体的基础上将字间距加大，以确保字体在各种情况下的可读性。

Ausfahrt
Ausfahrt

图2-22 Astrea-Frutiger字体

通常，步行或静止状态下的字体大小选择可参考如下规律。

当阅读识别距离在 1~1.5 m 时，文字的高度和宽度应在 15~20 mm；当阅读识别距离在 2~3 m 时，文字的高度和宽度应在 30~50 mm；当阅读识别距离在 5~10 m 时，文字的高度和宽度应在 100~180 mm。

车辆在城市道路或高速公路上快速移动时，驾驶员的阅读距离在不断发生变化，因此交通导视系统字体的大小需经过科学严谨的计算。目前我国并没有颁布国家统一标准，各省对交通导视字体的大小依照道路可视条件分别有规定。通常情况下，一般道路标志字体高度不低于 50 cm，高速公路主要标志字体高度不低于 70 cm。导视信息的高度与信息使用者速度的关系如图 2-23 所示。

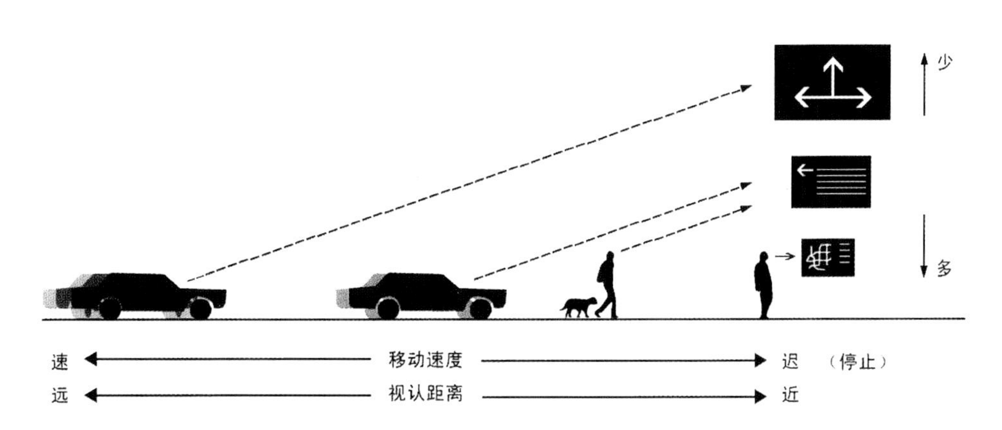

图2-23 导视信息的高度与信息使用者速度的关系

2. 字体的选择

1）汉字

汉字是古老的文字，是由表意的图形符号演变而来的文字，每个字都能单独表达一个意义。汉字结构较为复杂，通常由偏旁和部首两部分组成，并且很多字在外形上具有相似性。因此，在汉字字体的使用上，要注意不同字体之间笔画的变化关系，相同的字体在不同的大小、色彩及背景下会呈现出不同的效果及辨识度的差异。以导视系统中常用的黑体字与宋体字为例：宋体字笔画纤细，字形清秀优美、刚劲有力、变化得当，适用于近距离和静止状态下阅读；而黑体字字形浑厚有力，朴素大方且引人注目，更容易识别，所以适用于远距离和移动状态下阅读。除此之外，相关研究表明，字体暗而背景亮和字体亮而背景暗两种处理方式给人的感觉和易辨识度也有很大区别。通常情况下，使用深底白字的视觉效果比使用白底深字的视觉效果具有更强的扩张性，传达信息也更为快速（见图 2-24 至图 2-27）。

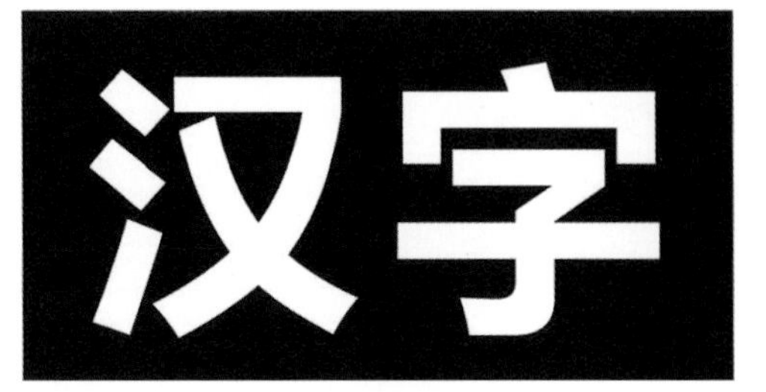

图2-24　深色字与反白字

图2-25　汉字标识

图2-26　香港地铁标识

图2-27　香港街头标识

2）拉丁文字

拉丁文字分为有饰线体和无饰线体。一般来说，无饰线体基于其粗细一致、造型干练的字形特点，更适用于环境导视系统。但在环境导视设计中，字体选择没有绝对的、一成不变的指导性原则。字体的选定还要考虑空间形象、建筑风格、观赏距离等实际情况（见图 2-28）。

3）数字

数字是表示数量的文字，其中阿拉伯数字是世界通用的数字符号，具有很高的认知度，在环境导视系统中被广泛应用。数字对于楼层、顺序、数量的表示具有不可替代的作用。

字体大小及形态的选择也不能单纯依靠理论上的指导性原则，还要根据实际环境中的空间尺度以及建筑风格来做出相应的调整。比如同样大小、形态的字体，放在空旷的室外广场和人流密集的候车大厅，给人的视觉效果和阅读舒适程度肯定是不一样的。所以，最直观的方法是将字体打印出来，放在实际的阅读距离和类似的空间环境中来检验，不能单纯依靠设计效果图中的阅读效果来做出判断（见图 2-29）。

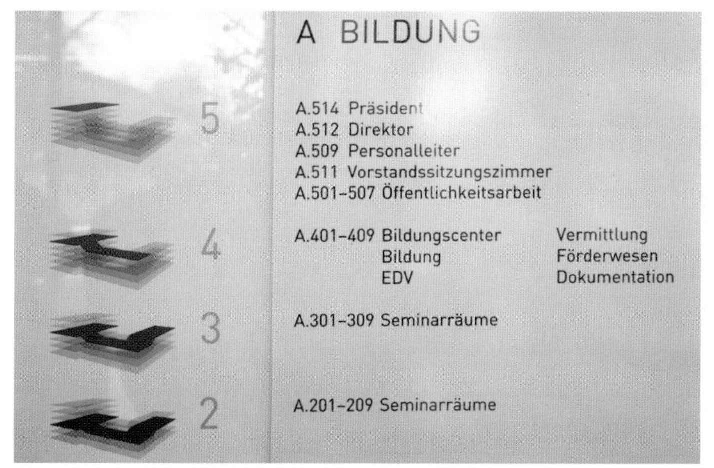

图2-28 AK Vorarlberg导视系统

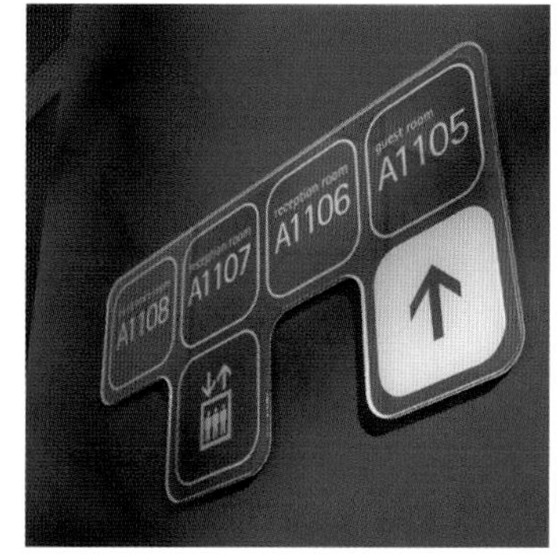

图2-29 阿拉伯数字标识

2.2.2 导视系统版式

导视系统的图形符号及说明文字必须通过版面的整合而呈现。版式界面设计的合理性与设计水准直接影响了标识信息是否能够准确、快速的传达。导视系统的版式界面有其自身的特点，目的是更快、更准确地传递标识导向信息。导视系统的版式内容相对简单，信息量较小，功能性较强。所以，导视系统的版式设计不只是图形与文字的搭配，更重要的是整合信息的序列、梳理信息传达的逻辑关系，编辑出清晰易懂的导视界面才是版式设计最为核心的要素。

1. 导视信息的层级

导视信息的内容会有主次之分，一般情况下，根据导视信息的重要性和紧急程度分为一级标题、二级标题和次标题。版式界面设计通过若干个不同大小的文字和符号体现了信息的层级关系（见图 2–30）。各个层级标题之间传递信息的关系是由大到小、由急到缓、由概括到具体。

通常，信息的层级和版式界面符号文字的大小成正比。一级标题使用最大号的字体，以保证重要信息在更远的距离就可以被看到，二级标题使用小号字体，次标题使用最小号字体，以此类推。并且，各个层级的标题大小之间都存在着以最小符号为基准的模数关系，可以通过字体的大小快速地筛选到所需要的信息（见图 2–31）。

图2–30　信息层级字体大小对比

图2–31　层级关系清晰的导视标识

2. 符号与文字的排列

导视系统设计的核心目的是提高空间信息的传达速度和易识别程度。图形符号的识别效率要高于文字，因此能用图形符号说明的信息要简化文字数量，文字越少越好。

图形符号和字体大小的设置有一定的比例关系，最大号字体的高度以及字体之间的行距往往是最小号字体的数倍。当图形符号和文字同时出现时，图形符号的尺寸一般要大于文字。以图形表示为例，图形标识的高度设定为“a”，说明文字以单行或双行横向方式排列的高度（含行间距）不应超过图形标识尺寸的 0.6~0.8 倍数；说明文字为三行或三行以上者，文字的总数高度不应大于图形的尺寸（见图 2–32）。

除此之外，在需要有中英文同时展示的空间环境，导视信息一般以中文为主，英文主要起翻译补充的作用。英文字母的大小应该以中文为基准。大写字母的字高可为中文的 1/2，小写字母的字高可为大写字母的 3/4。

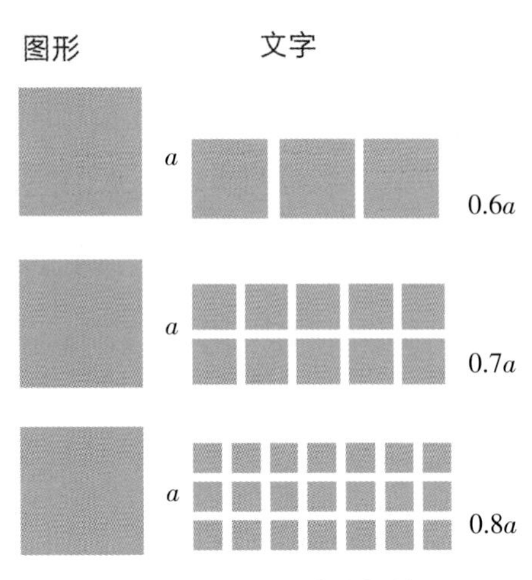

图2–32　图形文字比例关系

3. 版式的黄金视觉区域

人体工程学研究表明，人眼感知事物有一定的规律。在版式界面中，能够被人眼快速识别信息的区域，称为视觉黄金区。在同一画面中的不同位置，会引起不同的视觉心理变化以及注意力的变化。根据人们的视觉中心、视觉心理和阅读习惯来看，视觉注意力在版式界面上分布的顺序是上部优于下部，左侧优于右侧。版面的上部、中部、左部是版面的视觉黄金区域，下方和右下方是人眼识别能力最弱、感知速度最慢的区域。因此，在整合导视信息主次分布时，应根据人体工程学的人眼识别规律将最重要的信息编辑在版式界面中的高效识别区（见图 2–33）。

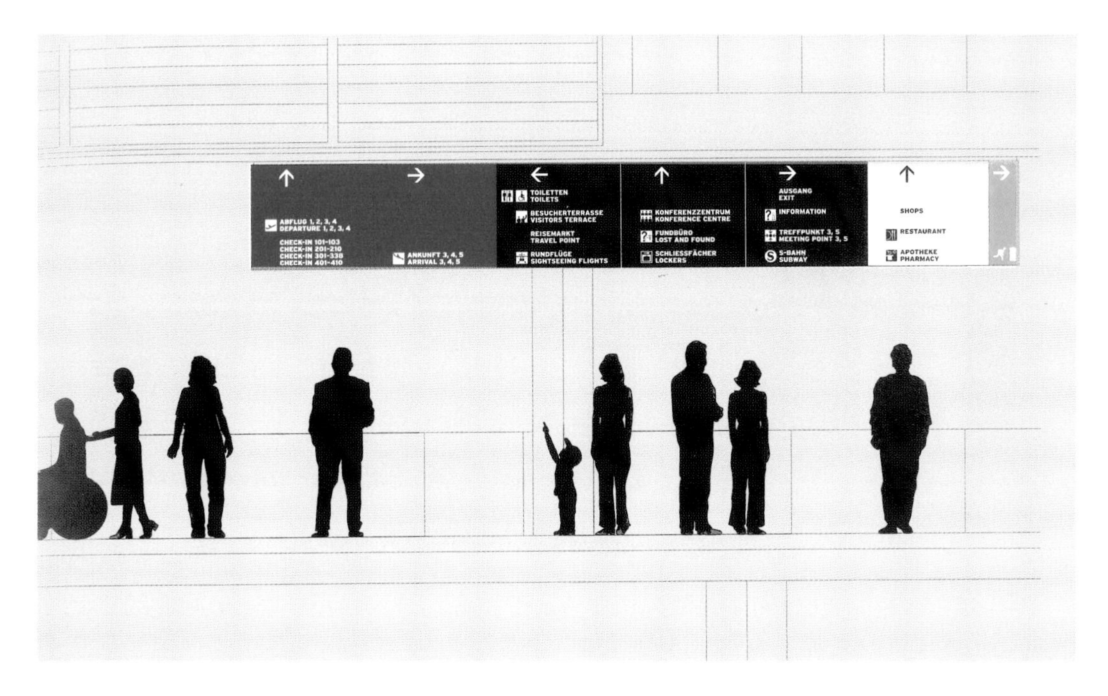

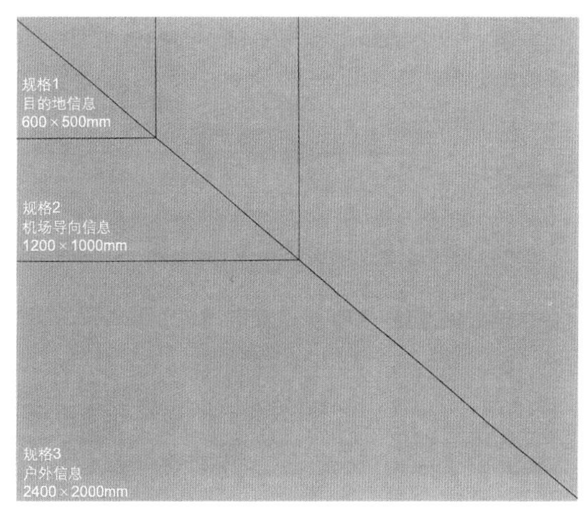

图2-33 斯图加特机场导视系统版式界面

4. 版式设计的风格

导视系统的版式不同于普通报纸、杂志、书籍的版式，它具有较强的功能性和导向性。明确、醒目、规范的导视系统能确保空间秩序的有效进行。导视系统版式界面的整体风格应简洁明快，信息不宜密集，有目的的留白是构成导视界面排版的要素之一。核心目的是让使用者可以一目了然，轻松识别信息。当然，导视界面的具体风格还应根据周边环境以及使用场合的性质而调整。在保证不影响导视信息传递功能的同时，更好地与周围地理环境相结合，设计出适合周边环境的导视系统（见图 2-34）。

5. 版式与网格

网格是一种行之有效的版面设计形式法则。

无论在何种情况下，版式设计都要遵循一个核心的原则，就是我们常说的网格。网格由无数个模块构成。为了使导视系统的模块更加系统化，模块被限定为以下几个基本规格：15 cm × 15 cm、30 cm × 30 cm、45 cm × 45 cm、60 cm × 60 cm、90 cm × 90 cm、120 cm × 120 cm。同样大小的模块将被横向或纵向拼接在一起，每种规格的标识牌尽量避免过多的拼接模块。

图2-34　门头信息与周边环境协调

网格构成设计特别强调比例感、秩序感、整体感、时代感和严密感，网格可以让图形符号和文字信息按照一定的比例关系有序排列，从而有效地呈现信息内容的层级关系，导视系统更具系统性。使用网格排版能让版面具有一定的节奏变化，产生优美的韵律关系，包括导视牌的尺度、方位、视觉黄金区等问题都可以用网格来快速解决。

除了版面的符号文字，导视系统辅助图形也应遵循网格设计的基本法则（见图2-35）。

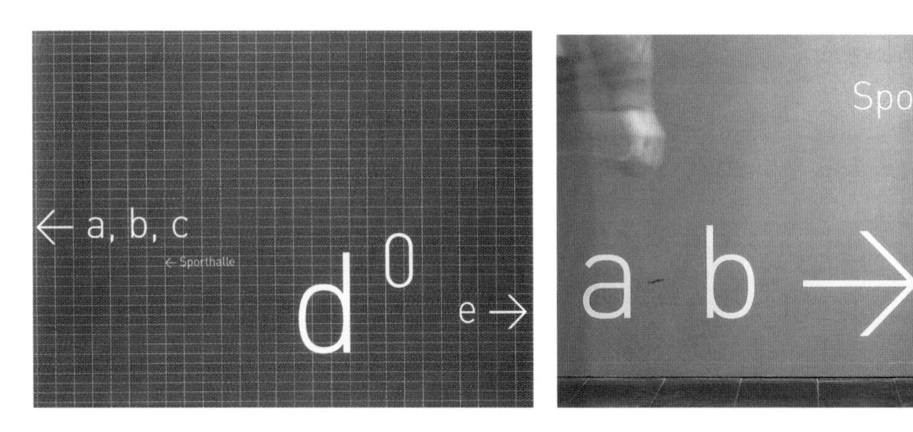

图2-35　文字信息与箭头被安排在自由式网格中

2.3 环境导视设计的色彩规划

人的视觉对色彩的认识是非常敏感和易于记忆的，在环境导视设计中，字体和版式是理性和准确的元素，而色彩是感性和富有变化的元素。色彩具有强烈的视觉冲击力，它是使用者视觉感知最快的元素，其次才是导视的形态、符号和文字信息。但单独依靠色彩来传递导视信息是不够的，色彩和图形的结合更有利于导视信息在视觉和心理两方面引起使用者的注意。研究表明，带有色彩的图形更便于人们记忆。导视界面的视觉效果直接影响导视系统功能性的发挥，因此色彩规划在环境导视设计中是很重要的环节。

2.3.1　色彩在环境导视设计中的主要作用

1. 辅助信息传达

色彩在环境标识中是极具表现力的重要元素之一。它带给人们的视觉感受是先于文字和图形的，单纯的导视符号和文字不利于人们记忆，但通过图形和色彩的结合就能够产生一个便于人们记忆的对象，如红色的气球、蓝色的手枪。形象越简单、颜色越纯粹，也就越容易被记忆。色彩的加入能够帮助导视信息更快速的传递，从而达到强化导视功能的效果。

一个导视系统的功能性是否能得到有效地发挥和利用，很大程度上受到导视设计色彩规划的影响。鲜艳的色彩能够帮助导视符号从周围的环境中脱颖而出，强烈的对比增强了图形符号的易识别性。例如公共环境中人们关注度和使用率最高的洗手间标识、楼梯间标识、安全出口标识等，一般都会采用与周围环境对比度强烈的颜色来提高识别性。此外，导视系统的色彩规划还有另外两种用法。一种是可以用作对功能区域的划分，将环境空间按照其功能性进行区域归纳。比如公园里的餐饮区、休息区、娱乐区等，分别用一种色彩来代表一个特定的功能区域；再比如在方向性较差、道路人流较繁杂的地下停车场，也可以用不同的色彩来划分区域，让驾驶员能够较为轻松地记住将车停在哪个颜色的区域了。另外一种就是根据导视牌的信息功能性进行色彩分配。例如在信息量大、功能性多、整体性强的医院里，可以将导视系统的信息根据主要、次要以及紧急程度进行色彩的区分。比如将最常用、最主要的科室路线以及就诊信息用蓝色标识牌表示，将医院公共设施类标识牌用灰色表示，而将最为紧急和重要的急诊标识用明度最高、识别性最强的黄色表示，并开启特殊通道。这样对于患者来说，就可以快速地过滤掉自己不需要的信息，关注自己最需要的信息了。幼儿园的彩色导视系统如图 2-36 所示。

图2-36　幼儿园的彩色导视系统

2. 优化视觉效果

色彩除了能辅助环境导视系统的信息传达功能以外，还能够起到优化视觉效果、营造环境氛围的作用。环境导视系统除了能满足人们在城市日常公共生活的导向功能以外，同时也是渲染城市文化氛围和环境形象的重要组成部分。没有色彩的城市是黯然无光的，色彩使用不当的导视系统会更让人不舒服。例如在医院大量使用让人情绪激动的红色或是在娱乐场所使用没有色相的白色、黑色，都属于用色偏差。另外，在一个特定空间环境中，交错出现的色彩种类也不能太多，否则不仅不能有效体现色彩的识别作用，反而会扰乱人们的正常思维。鲜明的色彩能够提高导视符号在空间中的易识别性和清晰程度，而与环境基础色调相协调的色彩方案能够提升空间环境整体的艺术性、美观性和视觉舒适度（见图 2–37）。

图2–37　跳跃的色彩对环境的优化

2.3.2　色彩设计的原则

色彩设计是客观、合理和具有科学性的一门学科。导视系统的色彩设计应注意连贯性、规范性、通用性、协调性、系统性、多样性等原则。

1. 连贯性

导视系统中连贯而统一的色彩具有相同或相近的视觉效果，可以让使用者感受到信息传递的连续性，从而产生安全感。面对复杂的信息内容，用合理、醒目的色彩方案将导视信息进行串联整合，使各个标识之间形成一个有序、统一的整体（见图 2–38）。

图2–38　色彩连贯的自行车道导视系统

2. 规范性

目前我国关于导视系统的色彩标准正在趋于国际化的统一规范。我国城市交通道路指示牌的标准色被定为蓝底白字，高速公路为绿底白字，紧急出口的指示牌标准色也是绿底白字，旅游景点标识为咖啡底白字，警示图形为黄色三角形，禁止图形为红色圆环加斜杠。在公共标识系统中，图形与颜色使用越规范，功能性就表现得越强，也更便于为不同国家、不同城市的使用者提供有效指示。

3. 通用性

尽管色彩能够让人产生一些共通的情感感应，但对于使用者来说，不同的人、不同群体、不同社会类型对色彩的认知心理还是有差异的，而导视标识的色彩必须成为被最广大人群所共同接受的准则，色彩设计应尽量避免过于强烈的个人化倾向。导视标识色彩只有做到是社会化的、大众化的、通用的、被大众所接受的一种实际性工具时，才能在更广阔的范围内有效使用。

4. 协调性

合理的色彩设计可以减少人与环境的生疏感，过多的色彩使用会造成视觉疲劳和信息传达的混乱，也会给人造成不好的心理感受。标识符号色彩设计不能脱离整体环境而孤立地考虑，不同环境的色彩需求是不同的，因此环境导视色彩不仅要考虑其自身的视觉冲击力对人的视觉感知造成的影响，还要考虑它与周围环境之间的协调性和统一性，如设计师必须考虑到导视系统颜色是否符合现有的空间环境中的基本色调（见图 2-39 和图 2-40）。

图2-39　西安植物园导视标识

图2-40　北京故宫环境导视标识

5. 系统性

当在同一个环境中需要出现不同主题的导视信息时，统一由几个标准色构成的色彩能起到排列顺序的作用，它可以将导视信息系统性地归纳起来。如图标准色红色代表了机场旅客信息，黑底白字代表了公共设施信息，而白底黑字代表了机场商业信息。强烈夺目的红色用来指示最重要的信息，可以为匆忙的旅客过滤掉其他不重要的信息。这种三色系统满足了不同的导向需要。如果该导向系统只使用了双色或单色，那么导视信息就不会形成一个明确的架构。在机场，导视系统颜色分类是很有意义的。旅客信息、公共设施信息和商业信息的色彩划分对赶时间的旅客非常有帮助，他们只需要注意红色指示牌就够了，虽然其他次要信息也能看到，但是旅客可以对这类信息进行主观筛选。

6. 多样性

不同民族、不同地域的文化传统、风俗习惯和宗教差异都有其不同的用色习惯，例如红色在中国是表示喜庆、热烈、吉祥、富贵的颜色，而在西方红色带有贬义，它象征着残暴、流血，有危险、警示的含义。白色和黑色在中国是带有哀伤情绪、不吉利的颜色，而在基督教里是象征纯洁、和平、绅士的颜色。在中国，紧急出口的指示标识是绿色，而在美国却是红色。从世界范围来看，我们很难找到一种一定标准的颜色来表达某个事物的具体含义，因此，在设计中应全面考虑文化背景、环境色彩、地域传统等主、客观方面的因素，制定一套合理有效的配色方案。肯尼迪克里格研究所导视系统如图2-41所示。

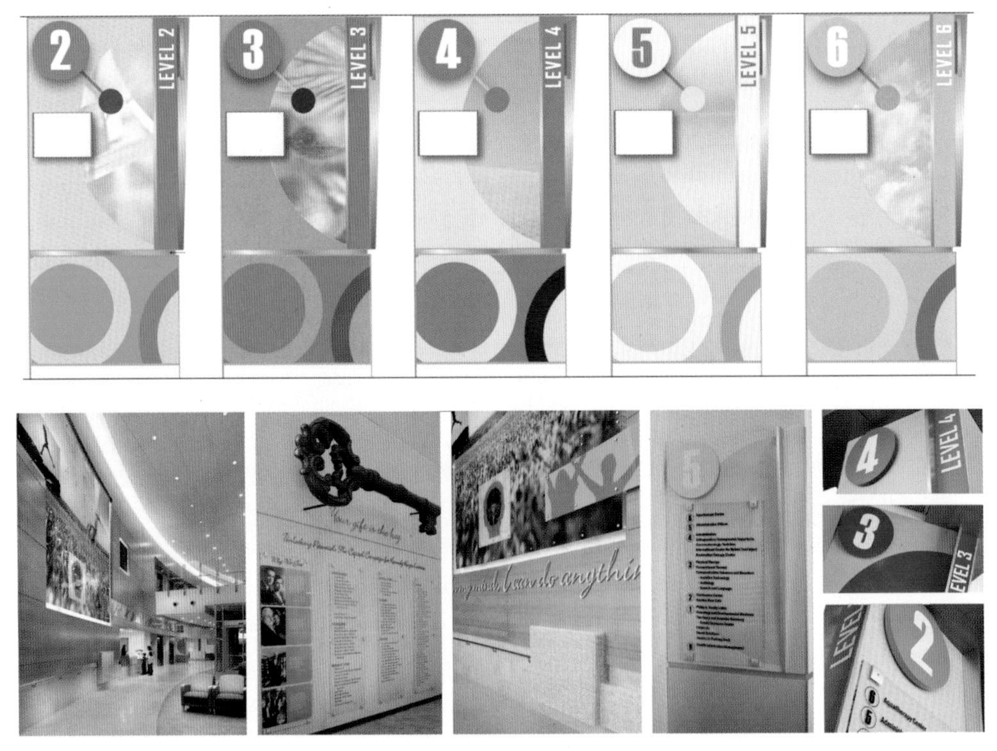

图2-41　肯尼迪克里格研究所导视系统

2.3.3　色彩的对比与调和

色彩最基本的构成形式就是对比与调和，无论在任何情况下，合理的配色方案都应遵循色彩构成的基本原理。在环境导视设计中，色彩的选择不仅要考虑本身导视系统的配色，还要考虑导视系统的色彩是和周围环境的色彩比较而存在的。通过各种色彩要素的对比，可以表现公共环境标识的主题，营造公共环境标识的气氛和情调，给人以鲜明和独特的视觉感受。在环境导视设计中，色彩的对比可以达到醒目的效果，而色彩的调和可以起到协调的作用。

1. 面积对比

面积对比是导视牌不同色彩面积的大小差别而形成的对比。当色彩面积发生变化时，对比的效果也随之发生变化。色彩的面积是直接影响色彩关系的重要因素。大面积的色彩决定了导视系统的主要色调，应从视觉的舒适程度、阅读的辨识程度、环境的协调程度全方位考虑。当确定的配色方案对比过于强烈又不能更改时，可通过改变色彩面积的对比，如扩大或缩小其中某个颜色的面积来达到和谐、美观的目的（见图 2-42）。

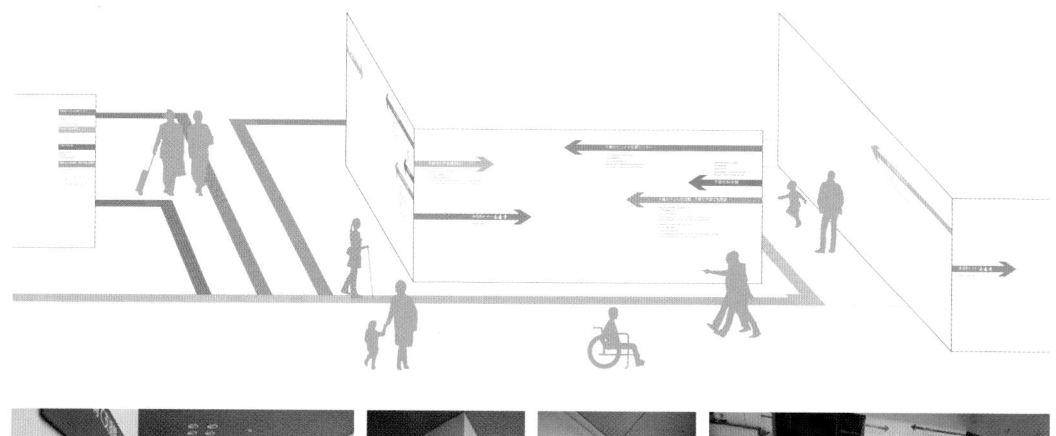

图2-42　色彩导视与墙面的面积对比

2. 主次对比

在环境导视设计中，色彩的主次对比主要是指色彩本身的醒目程度对比，重要的信息色彩醒目，次要的信息色彩后退。一般来说，主要的色彩要加以强调，面积较小，这样可以形成视觉中心点，其他的色彩则处于次要地位。标识主体应具有积极的、主动的色彩，背景应是消极的、后退的色彩。具体体现在色相、明度、纯度方面的对比，避免标识信息模糊不清。

3. 色相对比

在色彩三要素中，色相对人们心理影响最大。人们在捕捉、认识色彩时，首先识别的是色相，其次是明度和纯度。使用不同色相的色彩，可以体现丰富的效果。单一的色彩容易给人荒凉、凄冷的印象，在导视系统中，单一色系的配色方案也容易增加导视信息识别的难度。在色相选择上，互补色、对比色是经常使用的配色方案（见图 2-43）。

4. 明度对比

研究表明，人眼识别色彩的明度对比优于单纯的色相对比，也就是说，人对色彩明度的差异更敏感。如果我们在一个色彩鲜艳的背景上放置色彩鲜艳的文字，那么两者对

图2-43 不同楼层明快的色相对比标识

比度会显得很弱，若色相选择不当，还会造成一定的阅读视觉障碍。而大多数的视觉障碍者具备一定的光影辨别能力，也就是说，对明度差异较大的图像更易于辨别。对于正常人来说，30%的色彩明度差是可以被识别的，而对于视觉障碍的人来说，达到60%~70%的色彩明度差才是比较理想的，因此提高导视系统设计色彩明度的对比，是比较合理并理想的处理方式。

黑、白、灰这三种只有明度属性的颜色在环境导视设计中是非常常用并且效果极佳的辅助用色。其中白色是所有色彩当中明度最高的颜色，白色文字也是在各种背景色上最醒目的文字。通过长期实验和总结，在导视系统设计中，彩色的文字表现力不及黑色和白色的文字。最理想的设计处理方式是在鲜艳的背景上使用白色文字，在浅色的背景上使用黑色文字。

2.3.4 色彩的情感

1. 色彩的规律

色彩除了具有较强的视觉感染力，还具有丰富的情感感染力，不同的色彩可以带给人们不同的视觉感受和心理感受（见表 2-1）。色彩在长期的使用中，之所以形成了一些相对稳定的思维反射，是因为色彩本身具有视觉的物理效应，代表了某种自然景物，反映了不同季节的气温特点。同一种色彩能够让不同年龄、不同性别、不同信仰的人在心理上产生共通的情感，这就是色彩的规律。例如，红色让人感受到热情与兴奋，绿色让人感受到宁静和安逸，白色让人觉得纯净和简单，黑色代表肃穆和庄严，不同的色相能够使人联想到不同的景物和情感。但具体色彩所代表的某种具体含义并不是全世界共通的，这还要根据文化背景、传统习俗和风土人情而定。

不同色相对人的视觉刺激也不相同，一般规律是暖色大于冷色，原色大于复色。从色彩的物理属性上来看，红色是可见光谱中光波最长、辐射传播距离最远、对人的视觉和心理刺激最为强烈、人眼感知速度最快的颜色；黄色是可见光谱中介于中波和长波之间的颜色，并且是有彩色中明度最高的颜色，人眼感知速度仅次于红色；再次是绿色，绿色是介于黄色与蓝色两个原色之间的二次间色，也是介于冷暖之间的颜色，是对人视觉刺激较小、人眼最适应的颜色；蓝色是可见光谱中波长最短、辐射传播距离最近、人眼感知最慢的颜色。

红色、黄色、蓝色、绿色是在环境导视系统当中应用最为广泛的四种颜色，这四种颜色的应用是通过人对色彩的感知速度和记忆敏感度经过长期的科学验证和总结而得出的结论。在设计中应注意色彩的物理属性和色彩对人的心理及情感造成的影响两方面的和谐利用，从而完善环境导视系统的总体视觉效果和环境的协调性（见图 2-44）。

表2-1 色彩情感表

色光	波长	联想	含义	用途
红色	长波长	(1) 太阳； (2) 火焰； (3) 血液	(1) 停止； (2) 禁止； (3) 消防； (4) 危险	(1) 禁止类标识； (2) 消防设施； (3) 交通信号灯——停止
黄色	长波中波之间	(1) 光芒； (2) 向日葵； (3) 蜜蜂	(1) 警告； (2) 注意	(1) 警示类标识； (2) 交通信号灯——警示； (3) 警戒线
绿色	中波长	(1) 自然； (2) 和谐； (3) 生命； (4) 希望	(1) 提示； (2) 通行； (3) 安全状态	(1) 紧急出口； (2) 请勿踩踏提示； (3) 交通信号灯——通行； (4) 高速公路交通标识
蓝色	短波长	(1) 天空； (2) 海洋	(1) 永恒； (2) 沉稳； (3) 指令	(1) 指令类标识； (2) 城市交通标识

图2-44　色彩的应用

2. 色彩的象征意义

色彩在长期的使用中，还被赋予了一些特殊的象征意义。色彩的象征是指色彩在引起人们视觉的同时也会引发人们对于该色彩相关的具体事物的联想，进而产生心理抽象层面上的想象。

红色具有强烈刺激性，是最易使人注意、兴奋、激动和紧张的颜色，它象征着燃烧和热情。但红色在特定的情况下又会让人产生紧张、焦躁、压抑等不安情绪。长期接触红色还会让人产生视觉疲劳。因此，红色在使用当中还要注意扬长避短，尽量避免大面积的使用，以能引起导视系统使用者注意，同时又不造成视觉污染为原则（见图 2-45）。

图2-45 亚利桑那州红衣主教体育场

黄色给人以光明、丰收和喜悦之感。黄色是所有色相中光感最强的颜色，它还有一个特殊的优点，即在照明光线不足的情况下，黄色相比其他颜色更容易被识别，因此，黄色在导视系统中常被用作注意、提示危险等信息（见图 2-46）。例如，交通警示黄灯、城市交通标线、当心电离辐射等。

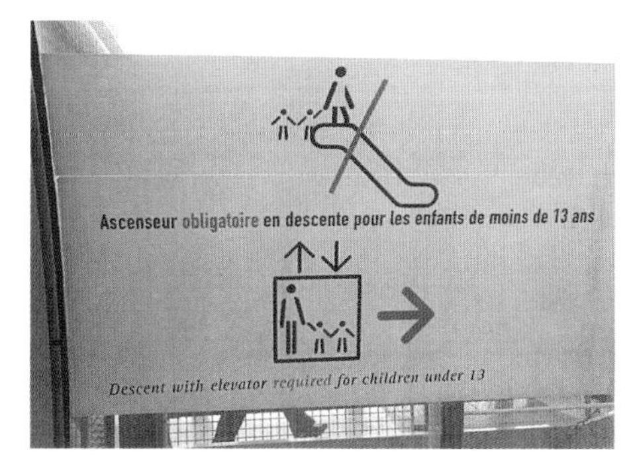

图2-46 黄色在导视系统中的应用

绿色是大自然的颜色，象征着春天和生命，所以绿色常常给人舒适、清新、生机盎然和安全的感觉。在太阳投射到地面的光线中，绿色光占的比重最大，绿色也是人眼感知最舒适的颜色，它对视觉疲劳可以起到调节和缓解的作用。交通信号灯用绿色表示可以通行，“绿色通道”也是从绿色的象征意义得名而来，表示畅通无阻。在环境导视设计中，绿色也是道路交通中的常用色，尤其是我国将绿色作为高速公路上指示牌背景标准用色，绿色的大面积使用可以为驾驶员起到舒缓紧张情绪的作用，缓解高速驾驶而引起的视觉疲劳感，在一定程度上增强了交通安全性（见图 2-47）。

图2-47　高速公路标识

蓝色让人联想到天空、海洋，由于它具有包容、理智、深沉、纯净的气质，从而象征着冷静与智慧的力量。蓝色可缓解紧张情绪，使人感到宁静、镇定，能够获得绝大多数人的喜欢和信任，因此多被用于各种严肃、稳重的场合，如医院、办公区、科技场馆等。最主要是我国城市一般道路指示牌背景的标准用色也制定为蓝色，当人们在到达一个陌生城市、陌生环境时，看到蓝色的指示牌就能够缓解因为陌生而引起的慌张，从而获得不会迷失方向的安全感（见图 2-48）。

图2-48　蓝色在导视系统中的应用

白色、黑色和灰色被称为是无彩色，是没有色相属性、纯度属性，只有明度属性的三种颜色。其中白色明度最高，黑色明度最低，灰色的明度介于黑色和白色之间。由于无彩色不含纯度属性，所以和其他任何不同色相、不同明度、不同纯度的色彩搭配都很和谐。白色象征纯洁、宁静、高尚；黑色象征坚定、坚固、神秘。合理恰当地运用无彩色，在导视图形符号的表达中能起到强调、调节的作用（见图 2–49）。

图2–49　无彩色在导视系统中的应用

关注色彩的象征意义，并把它合理地运用到环境导视系统中，有助于提高导视信息的人文关怀和理解程度。

2.4 环境导视的地图设计

地图是按一定的比例运用符号、颜色、文字标记等描绘显示地球表面的自然地理、行政区域、人文现象的图形图像。通常人们在对于地理位置的描述感到困难或用语言难于表达准确时，地图是最直观且简单明了的表达手段。按照地图的内容分类，一般分为普通地形地图和专题地图两大类。普通地形地图是通过卫星遥感图像或航空摄影测量，把卫星反馈的地球表面图像或航空摄影影像通过视觉传达的表现手法客观、真实地反映在某种载体上。而专题地图的主题多种多样，服务对象也较为广泛。导视地图属于专题地图的一种，是服务于人们寻路识别而设置的专题类地图。

导视地图的使用与城市化进程的文明程度息息相关，人们在漫长的历史进程中，通过地图去记录一些抽象或复杂的信息，从而获取对复杂空间的信息概括梳理，清晰地辨识空间的绝对位置和相对位置，以及所处环境的地理面貌、空间尺度等。导视地图是空间信息的载体。

导视地图区别于普通地图，普通地图是对地理环境的真实描述，不能任意增减或改变坐标。导视地图则可以通过简化、概括的手法制作，能够满足不同地域、不同阶层、不同文化层次的使用者的使用需求（见图 2–50）。

2.4.1　认知地图

人们往往在描述一个目标地点的位置时，会根据自己脑海中对地理环境的记忆和某

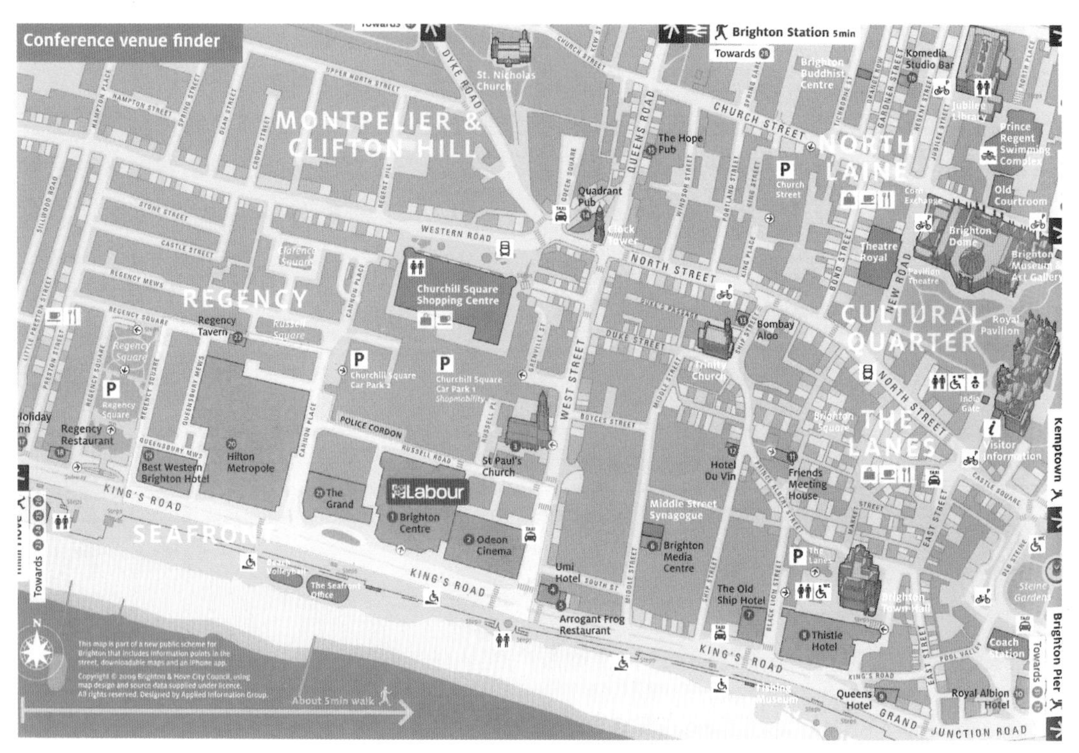

图2-50 英国布赖顿市导视地图

些标志性的参照物来进行表述。例如“银行旁边”“学校对面”等，这是一种模糊性的描述。但这种模糊性的记忆可以帮助我们大致的辨别方向，人们对空间记忆的这种能力也是一种本能的导向能力。这就是我们所说的“认知地图”的能力。

“认知地图”一词最早来源于美国心理学家托尔曼对白鼠在迷宫中寻路能力的研究。在实验中，托尔曼发现白鼠自己会在大脑中根据组织收集到的周围环境信息发现自身所处位置与目的地位置之间的关系。人们可以利用头脑中早已形成的认知地图主动地指引自己走向某一个目的地。

认知地图是基于人对环境的特征、环境对象及彼此的空间关系产生的一种对空间性的综合认知表象，其内容既包括时间的简单顺序，也包括方向、距离，甚至时间关系的信息。认识地图的构建，包括了城市意向的五大要素，即道路、标志、节点、区域、边界。

一个优秀的环境导视系统设计能帮助使用者建立脑海中的认知地图，一个有效的认知地图可以帮助使用者获取更多、更准确的导向信息。

2.4.2 导视地图设计的原则

传统地图多是对于空间环境道路的真实还原，细枝末节都和真实地形尽可能地接近。如果将普通的城市地图作为导视地图使用，则会出现辨识度弱、功能性低等缺点。例如，普通的城市地图内容较全面，大到公路桥梁，小到加油站，密密麻麻的信息全部体现在一张图面上，对于想快速识别某两个目的地的位置关系的使用者来讲，会有费时费力的困扰。导视地图提供的是一种公共服务信息，目的是让使用者都能快速的读懂、看懂。因此，在内容的整合上应高度的概括和简化；表达上应尽量使用简单、简洁而标准的文字、图形、符号（见图 2-51 至图 2-53）。

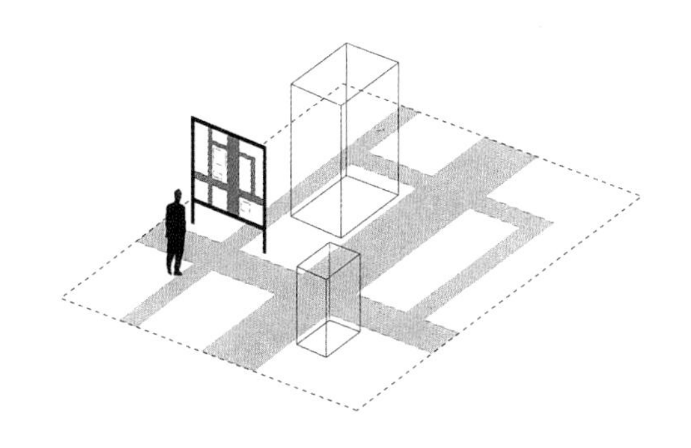

图2-51　使用者正前方朝上

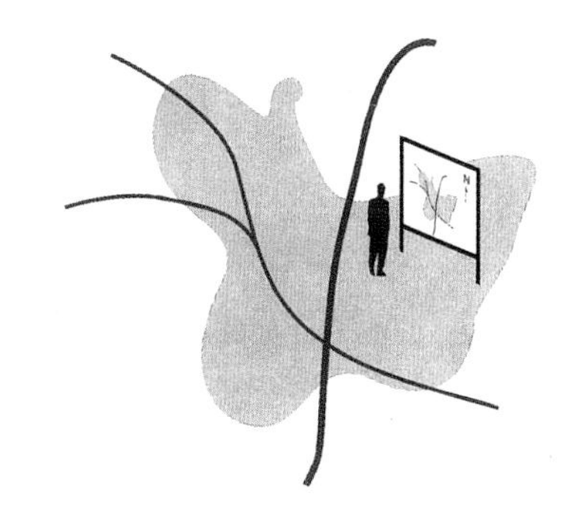

图2-52　北方朝上

图2-53　显示出使用者所在地图位置

在设计一个导视地图之前，需要花相当长的一段时间仔细了解空间环境的地理面貌，以及该环境所处的风土人情等人文风貌。在对这些内容充分了解和考察后再进行整体的设计规划。

导视地图的绘制、信息内容的处理具体应遵循以下几个基本原则：

(1) 提供最基本的功能：位置、方向、目标地点、空间信息。

(2) 显示出最基本的空间构成元素：道路、地标、区域。

(3) 显示出使用者所在地图中的位置，随同安装地点而变化地图方向。

(4) 按照地图使用者的正前方朝上的方法设置地图的方向。

(5) 文字与图形的比例合适，显示清晰。

(6) 限定信息量，保证地图的可阅读性。

(7) 整个导视系统中的地图设计标准统一。

(8) 地图内容可以长期保持并更新。

2.4.3　导视地图的分类

1. 按照导视地图的形式分

1）平面地图

平面地图即将三维空间里的坐标信息绘制在二维平面上。设计中应对实际环境中的建筑物、道路、绿化等空间信息进行合理的简化，对实际空间进行概念化的表达，从而突出重要位置的坐标方位，让使用者可以立刻读懂。平面地图的表现手法多种多样，载体可以是地面、墙面等任何可以依附的平面媒介。平面地图具有直观、明确、可视性强等特点，要求在设计时充分考虑平面形状、色彩、图形、文字等平面视觉特征。

2）立体地图

在导视系统设计中，将传统的平面地图进行三维立体化的处理是另一种独特的表达方式。选用合适的材质，设计独特、生动的造型，立体化地表现出空间布局及地理分布。提高了使用者读图的趣味性，缓解了城市生活的紧张感。

3）电子多媒体地图

通常，当我们进入一个陌生的环境中时，首先会习惯性的找寻能够提供给我们位置信息的图形及文字，读图寻路是人们在陌生环境里最基本的需求。随着新媒体技术在环境导视设计当中的运用，地图的功能早已不仅仅是读图寻路那样简单，表现形式也不再像传统地图那样单一。

假设我们来到某个博物馆参观，由于参观时间有限，不能逐一参观完所有的展厅，希望仅对自己最感兴趣的某个展厅进行重点观看，其余的选择性地观看。那么，传统的导视地图只能提供给我们各展厅的位置信息和参观路线，对于展示内容无法进行深入的介绍和讲解，以至于参观者比较难于了解到哪个展厅是自己最想观看的。而电子多媒体地图的运用，就解决了这一问题。电子多媒体技术可以利用图像、文字、动画、视频、音频等多种形式对各个展厅的展示内容进行生动的讲解。最主要是能让参观者在原地就可以深入了解到各展厅的展示内容，从而节省了时间。

电子多媒体地图为使用者呈现了直观生动、易于理解的信息，其互动性也能够激发人们的使用兴趣，在一定程度上提升了现代化城市的整体形象。多媒体电子地图具有动态性、互动性、无级缩放等特点。

2. 按照导视地图的内容分

导视地图可按照内容分为城市交通类、旅游休闲类、商业空间类、文化场馆类、校园类、医院类和特殊功能类。

导视地图如图 2-54 至图 2-57 所示。

2.4.4　导视地图的设计方法

1. 比例

在设计导视地图的时候，我们要根据地图使用者对信息内容的需要而设定导视地图的比例关系。导视地图大致分为区位图和区域图两种：区位图范围较大，包含的信息较为概括，一般是为了表述地理环境的大致方位关系；区域图范围较小，表述的是一定范围内道路、建筑物、功能场所等的详细信息。

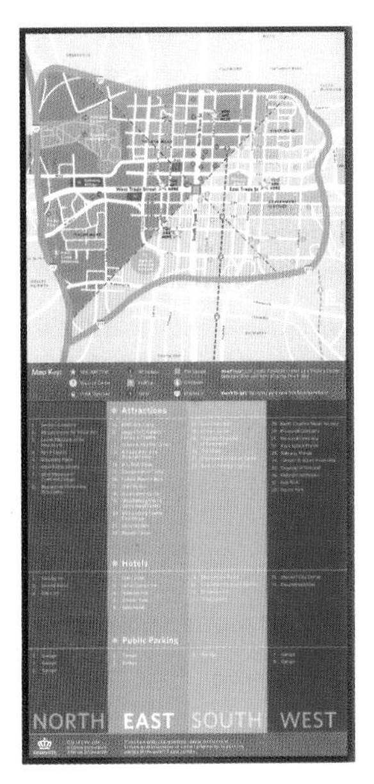

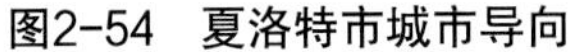
图2-54 夏洛特市城市导向

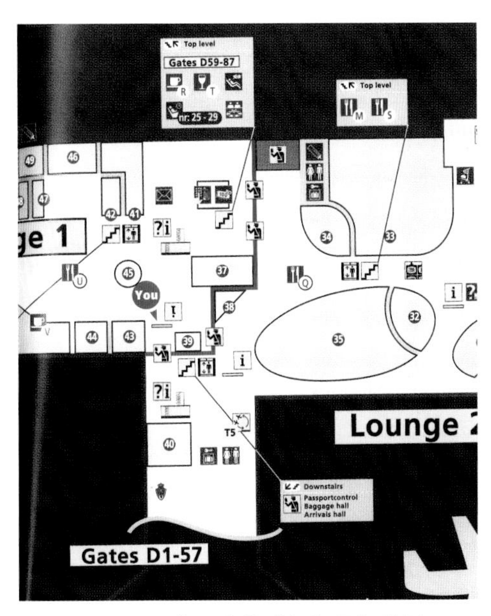

图2-55 荷兰史基浦机场导视地图

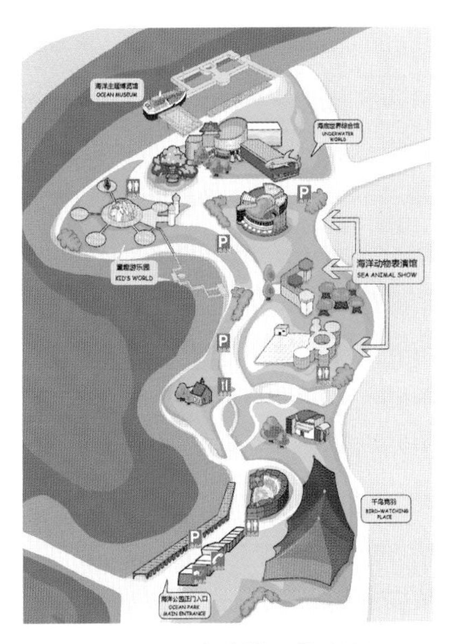

图2-56 海洋馆导览地图

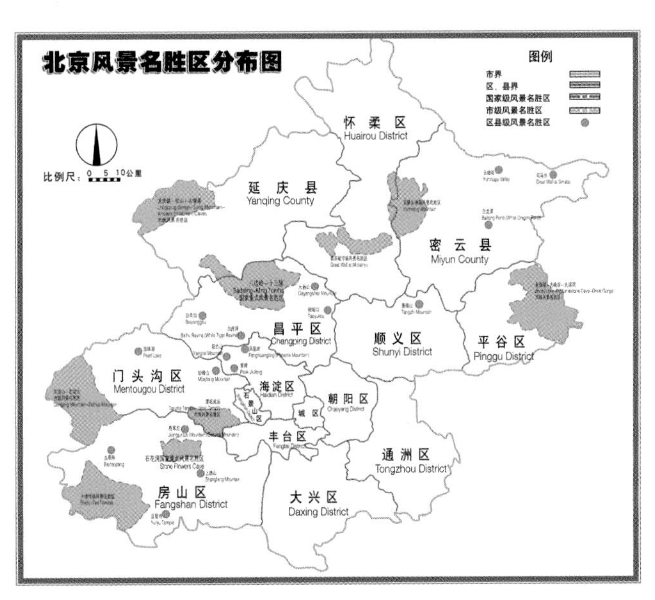

图2-57 城市旅游图

比例是地图构成要素各个部分之间、部分与整体之间的相对尺寸关系。图面上各种形状、色块的大小与位置排列，在尺寸关系上要布局合理、安排得当，以达到能让使用者舒适阅读、准确理解为宗旨，使整个导视地图比例协调，美观、易懂。

在导视地图设计中，还有这样一种情况，所设计环境区域的比例并未按照真实的比例尺相对关系排列，而是按照使用者的关注程度或该导视地图的特定用途来安排其相对比例关系。例如，某楼盘售楼部展示的区位图，通常通过调整比例来取得让客户感觉离某地较近或离某地较远的视觉心理感受。

此外，在导视地图设计中，有时为了突出表现某些事物的特征或营造特殊的视觉效果，常采用夸张变形手法，有意改变地图上某个元素的比例关系，将使用者关注度高的信息符号，如洗手间、电梯、安全出口等符号比例增加，使其突出于页面，以达到强调的目的。

2. 比例尺

地图上的长度与相应实地的距离保持一定的比例关系，并以这种比例关系作为两者之间的量算尺度，图上某线段的长度与相应实地水平距离之比，即地图比例尺。公式表示为：地图比例尺 = 图上长度/相应实地水平距离。

比例尺的大小简单总结为：比例尺小，地面缩小倍率大，地图内容概括（见图2–58）；比例尺大，地面缩小倍率小，地图内容详细（见图2–59）。

为导视地图选择合适的比例尺尤为重要。一般情况下，导视地图的尺寸大小是决定比例尺大小的主要因素，其次是导视地图所包含的数据量。尺寸大、信息少的地图和尺寸小、信息拥挤的地图都会让人觉得不舒服。导视地图尺寸大、数据多，应选择较大比例尺；反之，应选择较小比例尺。

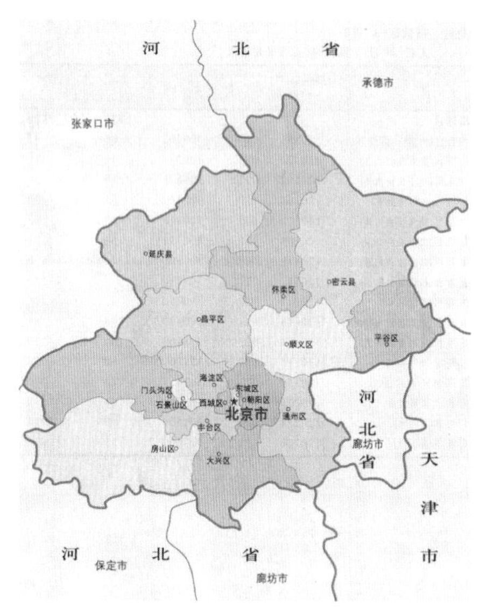

图2–58 小比例尺地图

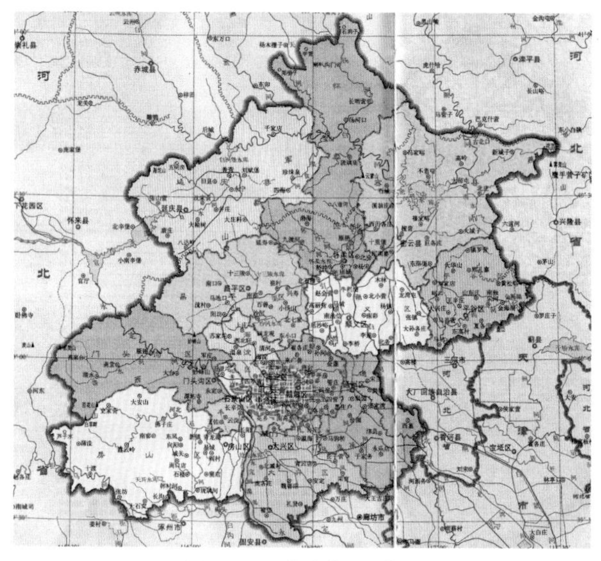

图2–59 大比例尺地图

3. 地图方向

导视地图的另一特征是安装地点的具体位置就是地图阅读者的所处位置，每张导视地图的方向和内容都随安装地点的不同而有所变化。当我们想知道“去往何处”时，首先必须知道“身在何处”。因此在导视地图的设计中必须要显示出地图使用者所在地图中的具体位置。导视地图的方向不同于普通地图，普通地图的方向是北方朝上，而导视地图的方向应以使用者面对的方向朝上。

2.5 环境导视的灯光与照明

随着现代生活节奏的加速，人们晚间在公共环境活动的情况日益频繁。对于城市夜生活趋于普遍的现象，为人们在城市里晚间活动提供相应便捷、安全的行为保障是很有必要的。在城市绚烂的夜景里，导向标识作为基础设施首先要充分地发挥其功能性，由于夜间自然采光已经无法满足城市夜生活的需求，人工采光就成了人们依靠的主要手段。导视系统的功能性要在黑暗的环境里得到充分发挥，必然要结合灯光与照明来辅助其信息内容被快速传达。

环境导视系统除了为人们提供便捷的导向信息以外，还具有塑造形象、美化环境的功能，这一点在夜间也不例外。提高导视系统的个性与艺术魅力，就需要使城市夜间的灯光与照明设计和导视系统达到和谐与完美的结合，让环境导视系统在满足其基本使用功能的前提下，能够表达出个性化的、富有艺术表现力的视觉效果，从而达到功能上和气氛上的要求（见图 2–60 和图 2–61）。

图2–60　环境导视系统的灯光与照明设计

图2–61　西安王府井百货灯箱导视牌

2.5.1　灯光与照明形式

1. 光源

光源对于夜间导视系统的功能体现及使用寿命举足轻重。在倡导绿色照明概念的前提下，各种照明技术不断涌现，为导视系统选择一种高效节能、环保适用的照明光源尤为重要。其中，光纤照明和 LED 作为新兴的照明技术，始终走在绿色照明领域的前沿。

光纤照明是透过光纤导体的传输，将光源传导到任意的区域里的高科技照明技术。近些年光纤的应用已步入成熟阶段，光纤照明被广泛应用在很多领域。光导纤维具有传光范围广、重量轻、体积小、用电省、不受电磁干扰、光电分离等诸多优点，自 20 世纪 80 年代以来，就已经在城市交通标识当中应用，并且它在标识系统中的应用效果视距广、醒目性好，深受使用者的认可。光纤照明实现的光电分离，是一个质的飞跃，大大提高了环境导视系统光照的安全性，并且塑料光纤照明系统光色柔和纯净，没有光污染，给人的视觉效果非常突出，为夜间导视系统功能性的发挥提供了保障。此外，光纤柔软易折不易碎，易被加工成不同的图案，满足了导视系统个性化与艺术性的要求。同时它还有施工安装方便，能够重复使用等优点。同传统的白炽灯、节能灯、荧光灯相比，光纤照明具有明显的使用性能优势（见图 2–62 和图 2–63）。

LED 是一种可以将电能转化为可见光的半导体，是另一种绿色环保的新型光源，它和光纤照明有本质上的差异，体现作用也各有千秋。交通信号照明是 LED 单色光应用比较广泛也是比较早的一个领域，其次还有各类指示牌、广告牌的大量应用。LED 显示屏不仅画面亮度高、对比度大、色彩鲜艳，而且和电视一样可显示动态画面和文字，并能实现无缝拼接。随着环境导视系统更加多元化的发展，LED 显示屏也被用于与导视系统设计结合。

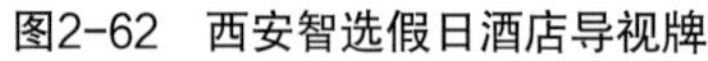
图2-62　西安智选假日酒店导视牌

图2-63　西安老钢厂

2. 照明方式

环境导视系统的照明方式按形式可以分为内照明、外照明和间接照明三类。

内照明（见图 2-64 和图 2-65）也被称为主动照明，是把照明装置安装在标识单体中的照明方式，由于它的信息识别度最佳，表现形式多样，节能控制效果明显，因此内发光照明在导视系统当中使用较多。在使用中需要考虑外包材料的透光性能等要素。另外，LED 内置式主动发光交通标志是一种新型的发光标志，主要应用于城市交通领域。与传统交通指示牌相比，它能够在各种天气条件下远距离视认，特别是遇到雾霾、雨雪等能见度低的天气，驾驶员和行人无法快速、有效地识别导向信息时，无须开启远光灯，就能够远距离清晰辨识，从而提高道路通行效率和安全性。在城市道路标识系统中，传统的道路标识设施采用 3M 反光字，需要在有光源照射的条件下被动反光起到识别的作用，而在没有光源照射的情况下则不会发光，光线较弱时就会难以识别，而 LED 内置式主动发光技术解决了交通标识在光线弱的情况下难以辨识的难题，是城市交通道路标识发展的一次飞跃。

外照明（见图 2-66 和图 2-67）是在标识单体的周围加装辅助光源进行照明，是一种非常传统的照明方式，这种照明方式对被照物的质量与精度有较高要求。随着照明方法的不断更新，外照明的形式也不断丰富。

间接照明就是不对标识单体进行照明，该标识可以依赖周围的间接照明方式来达到可视性要求，最常见的有城市道路交通指示牌，利用反光的原理达到间接发光的效果。

图2-64　洗手间灯光标识

图2-65　深圳地铁交通标识

图2-66　西安老钢厂外照明导视地图

图2-67　西安万和城灯箱标识

再有，随着环保材料的不断出新，有的材料可以吸收白天的太阳能，晚上自发光等，这是节能又环保的一种形式。

而环境导视系统的照明方式根据功能和效果的不同，又可以分为一般照明、重点照明和装饰照明。

一般照明又叫普通照明，是保证公共环境中标识基本可视光线的照明，采用扩散性的照明方式，特点是光线具有一定的强度且分布较为均匀，以保证环境导视标识的基本亮度（见图 2-68）。

重点照明（见图 2-69）也称为局部照明，即用较强的光线对环境导视标识的某一部位进行重点投光，使之与周围产生亮度上的对比，起到使其醒目的作用。重点照明一般采用聚光灯照明方式，根据标识的内容和形态来调整光的聚射、浓淡、虚实、深浅等，使环境导视标识的重点更加明亮、突出，产生丰富、生动的视觉效果。

在环境导视设计中，为了增强空间环境的丰富性和层次感，常常采用装饰照明营造某种热闹的气氛，丰富标识的色彩层次，增强吸引力和感染力，创造出具有特殊美感的视觉效果。装饰照明一般不承担基础照明和重点照明的任务。在装饰照明中，要注意装饰光线的色彩不要过于复杂，尽量使标识的色彩保持统一，避免影响标识的识别性。

图2-68　游戏俱乐部导视照明系统

图2-69　重点照明导视

2.5.2　照明设计原则

人工照明是环境导视系统夜间照明的主要方式，它通常在色彩、亮度、形式上有较大的可塑性和创造性，为了满足导视系统在夜间功能性的最大限度发挥、视觉效果的充分体现，在灯光设计中还需注意以下问题。

1. 避免眩光

眩光是指视野中由于不适宜的亮度分布或有极端的亮度对比，引起视觉不适和降低物体可见程度的视觉现象。眩光是引起视觉疲劳的重要原因之一。在环境导视系统的照明设计中，一定要注意避免产生眩光。眩光对眼睛具有一定的影响并造成眼部不适，如果夜间驾驶员在城市交通道路行驶中产生眩光，有可能引起一定的危险。对于任何光环境来说，控制眩光都很重要。

造成眩光的主要原因是光源的亮度过高，与周围环境反差过大，或者光源位置与视点的夹角不合适。此外，还有一些由于物体表面对光源进行反射引起的眩光现象。在环境导视系统的照明设计中，对整个空间环境的眩光控制技巧关键是掌握整体亮度的平衡。一般来说，首先是要限制直接眩光，避免光源裸露；其次是限制反射眩光，调整光源的位置和照射角度。另外，也可以变换材料和肌理效果，降低物体表面的反射强度。相关照明图如图 2-70 和图 2-71 所示。

2. 照度适宜

照度包括导向标识的亮度以及它和周围环境的对比度。标识信息能有效从周围的环境中凸显而出并且视觉感受舒适是对照度标准的一个要求。照度是抓住视觉吸引力的主要因素，同时也是提高标识信息在弱光环境中可识别程度的重要保障。通常来说，标识信息的平均亮度和周围环境的平均亮度对比越强烈，标识就越明显，越容易引起使用者

图2-70　相关照明图(1)

图2-71　相关照明图(2)

的注意；但是当标识信息相对于周围环境来说过亮，又容易产生眩光时，标识信息的可识别程度反而会下降，导致环境导视系统功能性的降低。因此，照度适宜不仅要为空间环境提供合理亮度的照明，还要注意对标识信息照明的角度以及周围物体的光线反射对导视信息造成的影响。

3. 节能环保

环境导视系统是具有非常强大的功能属性的服务系统，它具有使用率高、更新率快、耗损率大等特点，在照明设计方面应尽量采用先进技术光源，如光导纤维、LED 等新型照明技术，且应尽量降低经济造价，节约能源，避免光污染，同时符合我国电力供应。相关照明图如图 2-72 和图 2-73 所示。

4. 安全耐久

环境导视系统的灯光与照明需要电能，这就要求在设计过程中需注意考虑安全性，主要包括用电的安全性和导视系统功能发挥的安全性。灯光材料的选择还要注意耐用，

图2-72　相关照明图(3)

图2-73　相关照明图(4)

便于更换和维修等。相关照明图如图 2-74 至图 2-77 所示。

图2-74 相关照明图(5)

图2-75 相关照明图(6)

图2-76 相关照明图(7)

图2-77 相关照明图(8)

思考与设计

1. 简述环境导视图形符号创意的要素。
2. 熟练运用网格知识进行导视界面设计。
3. 环境导视标识的色彩设计应考虑哪些影响因素?
4. 选择一个商业空间，进行导视地图设计练习。

第3章

环境导视设计的原则

3.1 醒目原则

环境导视是在一定的空间内，通过视觉元素传达导向信息，以便受众快速识别与判断所处方位和目标方位的设计系统，其接收结果的好坏将直接影响导视系统功能的发挥。因此，为了让受众第一时间直观地获取导向信息，一定要遵循醒目性设计原则。影响导视设计醒目原则的因素有三个，即色彩、图形及文字。首先，如何对这三种识别代码的不同形式进行单独或组合设计，以提高视觉辨识度，在短时间里吸引受众的注意，是实现醒目原则的重要方式。其次，色彩、图形和文字等信息载体需要根据不同的空间范围设置不同的大小比例，结合受众的需要，保证在空间中能很清楚地看到导视信息，提高导视的工作效率。

色彩相对于图形和文字来说，具有自发的感性引导力，能够在第一时间吸引眼球，识别力最强。在导视设计中可通过对单一或多种色彩之间色相、纯度、明度的对比与调和，传递信息主体。

斯泰嘉瑞乡村俱乐部是一处新式运动健身馆，该馆坐落在布加勒斯特郊外伯尼亚萨森林附近，设计师为乡村俱乐部停车场设计了醒目的环境导视系统（见图 3–1）。在整套导视系统中，图式设计表现的主题是运动，设计师通过在健身场地大胆使用不同颜色来引导健身者顺利找到自己的停车位置。停车场图形设计的重要性体现在要给这里的客户留下深刻的第一印象。

图3–1 斯泰嘉瑞乡村俱乐部停车场导视设计

澳大利亚墨尔本 Eureka Tower 停车场采用红、黄、蓝、绿四种色相来设置 IN、OUT、UP、DOWN（进、出、上、下）导视符号（见图 3–2）。其中，进出的红绿、上下的蓝黄分别互为补色，增强了色彩的对比度，使导视符号愈加显眼。另外，为了提高注意力，将地面和墙面的字母连贯起来，采用突出的大小比例，便于驾驶座上的成员直观地看到，给予正确的信息提醒。

图3-2　澳大利亚墨尔本Eureka Tower停车场导视设计

在色相环中，黄色和紫色互为对比色，博卡青年体育俱乐部的导视系统采用这两种色彩的搭配，能构成明显的色彩效果，同时地面运用同一色相的明度对比突显导向数字，使得色彩统一而富有层次感，在对比与调和中达到非常明确的指引作用（见图 3-3）。

图 3-4 中可口可乐馆外墙采用的是其品牌的主色调——红色。图 3-5 中俄罗斯馆

图3-3　博卡青年体育俱乐部导视设计

图3-4　2015年米兰世界博览会可口可乐馆导视设计

图3-5　2015年米兰世界博览会俄罗斯馆导视设计

的展馆入口名称亦采用鲜亮的大红色。这两个展馆不管是远观还是近看，都具有强烈的识别性，这种识别性正是得益于高纯度的色彩运用。红色是所有色彩中视觉感最强烈和最有活力的色彩，它比其他色彩更能够吸引人的注意，给人留下深刻的视觉印象。

菲弗多图书馆内部导视信息采用高明度的白色做导视数字信息的设计，在色彩明度上吸引了受众的注意，结合色彩设置大字号的比例，使受众不用靠近即可快速找到所需的数字列，识别性高，醒目的设计节省了查阅时间，带来了便利（见图 3-6）。

图3-6　菲弗多图书馆内部导视信息

图3-7　艾德谢尔公司导视设计

图形在导视系统设计中可通过图标、图案及照片三种形式突显导视信息，提高识别的速度，增强记忆力。

艾德谢尔公司的导视设计不管是在造型上还是在色彩上都标新立异，运用丰富多彩的颜色，打破整个公司冷峻的行业氛围，为身在其中的人们带来心理的放松与愉悦感（见图 3-7）。

御茶之水城市广场导视设计如图 3-8 所示。由于写字楼通常会有不同公司的频繁更迭，因而并不设置视觉识别系统。可是，在本地区建有许多相似的写字大楼，出行的人们很难找到大楼地上或地下的入口等基层设施，因此业主决定为大楼设置视觉识别系统与符号平面图。

“solo”设计公司为莫斯科的一个三层购物中心

图3-8 御茶之水城市广场导视设计

设计了安装导视系统（见图 3-9）。考虑到购物中心的建筑特点，设计师专门设计了一套简洁清晰的导视系统。标识易于生产，便于安装，能节省大量成本。

图3-9 “联合”购物中心导视设计

BL Stream 公司是一家跨国信息产业公司，主要从事网络及移动手机业务。公司内导视设计的主要特色正是基于手机操作系统中著名的瓷砖拼接图，设计适合公司的企业色彩并增加了其他设计元素，如白色字体、图标与标识（见图 3-10）。

绿色地平线办公楼导视项目上的造型设计介绍了一个纺织工厂从 1924 年到 2005 年期间的运营历程。其导视设计视觉效果复杂，设计师用创意独特的历史图片与文件来介绍这座纺织厂的历史信息。大楼的入口与通向电梯间的走廊处在导视设计上采用了对比鲜明的黑白色，而大楼的 4 个入口及停车场分别采用了不同的配色（见图 3-11）。

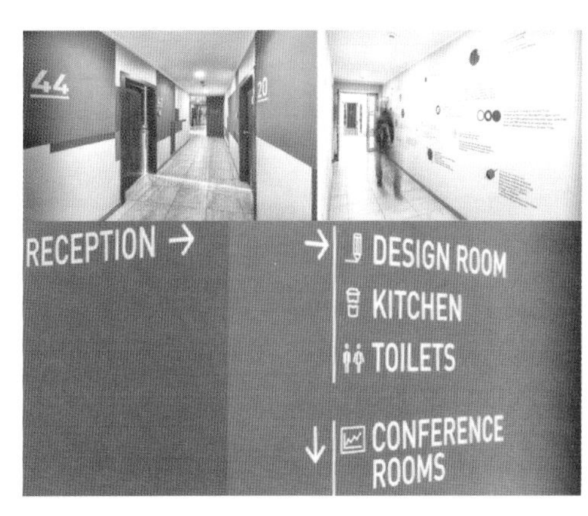

图3-10 BL Stream公司办公楼导视设计

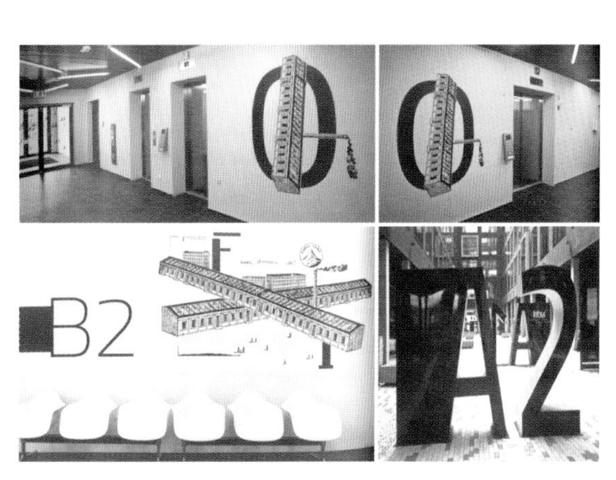

图3-11 绿色地平线办公楼导视设计

2015 年米兰世博会中国展馆的馆外导视设计，在色彩上运用与展馆外立面一致的暖黄色，导视信息由文字与图形两部分组成（见图 3-12）。其中，图形是展馆立面的简化图，这样的设计能让人直接与后面的展馆连接起来，在简约的指示图标引导下，带人走入独特的展馆进行游览。

图3-12　2015年米兰世博会中国展馆导视设计

在下面这组森林公园导视牌的设计中，迎合森林环境空间的氛围，导视牌结合各种不同色彩的树木图案与统一色调的文字进行设计，比起仅运用单调的背景色，会更加吸引游人的注意，提高了导视牌的利用率（见图 3-13）。

图3-13　森林公园导视设计

伦敦自然历史博物馆导向标识由独特的青铜和黄铜材质制成，体现了文化机构的底蕴，鲜明的图片宣传和带有“N”字标志的导视系统交相辉映（见图 3-14）。

图 3-15 中这个具有鲜明地域特色的导视设计由蓝、黄两色组成，对比强烈。导视牌上画着考拉和袋鼠，配以风趣的文字，提醒司机谨慎驾驶。在有限的导视牌设计范围中，填充丰富的图案及文字内容，将看似小的导视牌突显出来，发挥大的作用。

由于旅游城市的地标景点多，因此导视设计采用图文结合的方式更容易让游客快速找到目的地。布鲁克林旅游导视图（见图 3-16）将城市标志性建筑布鲁克林大桥和著名景点通过照片的形式直观地反映出来，易于游客识别，避免诉求景点印象模糊，产生对错号的问题。

在图 3-17 所示的牙科医疗机构的导视系统中，用不同的纹线在各个关键节点上圈

图3-14 伦敦自然历史博物馆导视设计

图3-15 澳大利亚昆士兰州路标导视

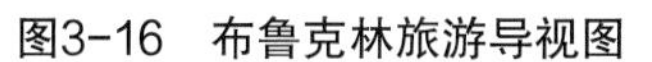

图3-16 布鲁克林旅游导视图

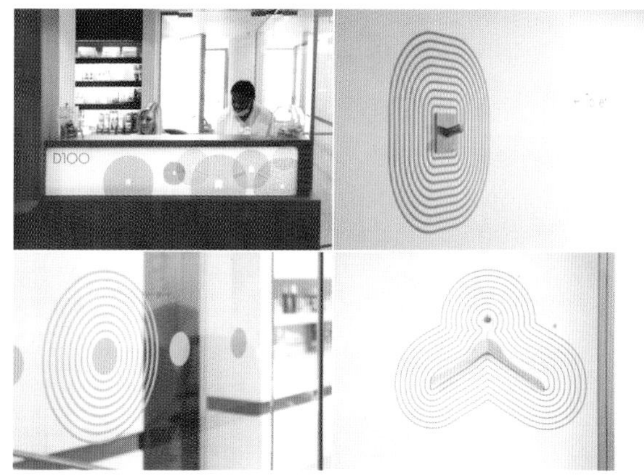

图3-17 D100 Idenity牙科医疗机构导视设计

定出来，比如玻璃窗、排气筒、挂衣钩、开关、把手处等，用图案的方式给使用者带来最快速的识别，且增添了轻松舒心的视觉感受。

文字比色彩和图形更为精确，其具有直观的可读性。对其的设计应包括字体、字号、字间距、行间距及其他的艺术性设计等。文字的醒目性引导也分独字独行独列引导和多字多行多列引导，对文字的运用及设计，在室内外众多优秀的导视系统中都有所体现。

澳航吉祥物校园的引导标识是简单、优雅、制作优良的大型电照明字母结构，字母代表校园内的特定大楼（见图 3-18）。

图3-18 澳航吉祥物校园引导标识

伦敦当代艺术学院在楼内墙壁夹角处设计的楼层数字，选用大号字体配以不同颜色，吸引着来自各个方向的参观者的视线，体现出一派既鼓舞人心又引人注目的现代环境艺术风格，将实用功能与美感巧妙结合在一起（见图 3-19）。导视设计有助于清楚地界定空间位置。法国国家档案馆导视设计如图 3-20 所示。

图3-19　伦敦当代艺术学院导视设计　　图3-20　法国国家档案馆导视设计

对于每个来明斯特大学图书馆的人而言，能够“理解”图书馆是非常重要的，就是说在图书馆的地板上直接设置课桌，以方便学生能够从浩瀚的资料中快速查阅到所需的信息资料。书籍资料交换处就是馆内主要通路沿线的视线范围内现有的墙面。馆内特意设计的大型字母在远处就清晰可见（见图 3-21）。

图3-21　明斯特大学图书馆导视设计

Signage for the Russian State Children's Library 是俄罗斯一所儿童图书馆。导视信息中的数字经过艺术化的处理，变得趣味十足，正迎合了受众主要群体——儿童的心理诉求（见图 3-22）。这种打破常规设计的导向元素更具有识别力，更能吸引眼球。

图3-22　Signage for the Russian State Children's Library导视设计

Town Pavilion Public Garage 是一个将“Breathing Life”概念设计到停车场导视系统设计中的作品。通过不同楼层的主题风格来引导受众识别和牢记所在层数，既有趣又加深记忆力。比如第一层命名为 Clover Level，第二层为 Lulip Level，第三层为 Lake Level……依据每一层的主题，配合高彩度的大自然元素图片作为导视背景，加之高明度、大字号的白色阿拉伯数字，对比强烈，由此产生视觉上的活跃度和节奏感，在整体暗沉的停车场内部空间环境中，这种导视设计方式让人眼前一亮，是集色彩、图形、文字为一体的综合设计（见图 3-23）。其他相关导视设计如图 3-24 至图 3-28 所示。

图3-23　Town Pavilion Public Garage导视设计

图3-24　利用不同材料和色彩突显文字的导视设计

图3-25　主次分明的文字导视排版

图3-26　倒置的醒目文字导向

图3-27　色彩鲜亮、充满活力的字体组合

图3-28　简洁亮眼的文字导向

3.2 适时适地原则

环境导视系统的设计除了强调识别的效率性，即醒目原则外，还应遵循适时适地原则。所谓的适时适地就是在受众所需的关键时间与关键地点上提供导视提示，避免发生导向障碍，满足受众及时获取信息的便捷性。简单来说，就是在一定的空间环境中，从受众心理需求的角度出发，按照“导示”“提示”“暗示”三个心理层次的导向顺序进行合理的布点与定位，防止出现信息密度偏失的问题。

从某种程度而言，这里所提及的时间和地点是同一概念，具有同一性。尤其在车站（地铁站、公交站、汽车站等）及球场、演出场地等人流拥挤的公共场所，就需要顺应人的移动方向，将大量的标识单体连续设置在空间环境中，引导受众准确、快捷地搜集导向信息，有序寻路，这样既可以疏导人流，避免人员混乱，同时受众有目标地行动，也会从中得到安心感。因此对于人流量较大的空间环境，导视设计应该点位适宜，缩短布点间的距离，保持连续性与引导性，方便受众快捷地获取导向信息。

拉莫利纳山路标牌的导视系统专为西班牙加泰罗尼亚拉莫利纳 732 山道设计。导视标志的底色采用黑色，充分考虑到该导视标牌在周边环境中可以突出展示出生动形象的导视图形（见图 3–29）。

加州大学洛杉矶分校美术馆的建筑构造及形状常常使新生和来访者感到困惑，该导视设计在理念上主要基于加州大学洛杉矶分校在颜色配置上的强烈对比与街道上不同形状的警告标识，通过在美术馆的走廊两侧设置标识牌，使人们很容易找到要找的功能区（见图 3–30）。此外，在馆内的每个关键位置上设置的引导指南会使人们准确找到自己的目的地，而不必像以前那样大费周章却不知所往。

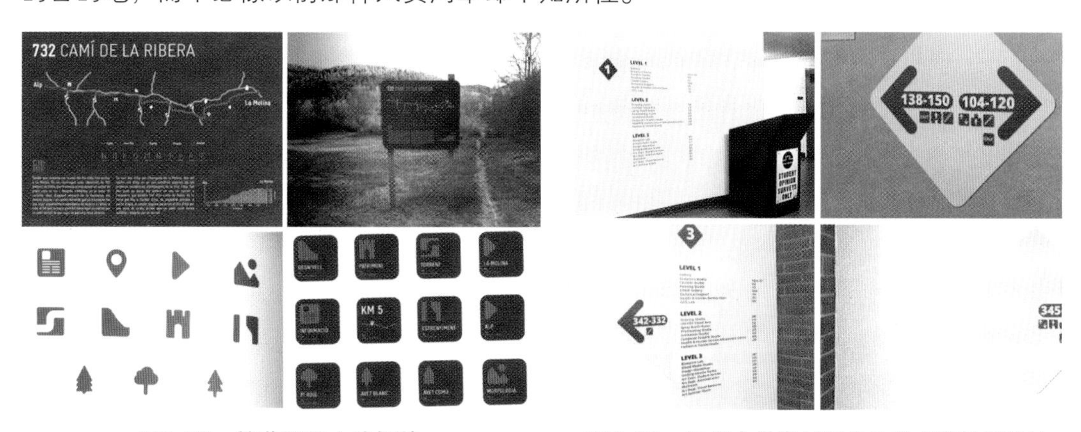

图3–29 拉莫利纳山路标牌　　图3–30 加州大学洛杉矶分校美术馆导视设计

沙勒罗伊居里夫人医院的引导标识在设计时考虑到标识要服务于病人、医院的医务人员与来访者等不同人群，因此设计的标识也考虑了不同使用者各自不同的视角。除了导向功能（场所名称、更便捷的流通性与确信性），标识系统在设计上通过调配颜色及创建家庭式说明方式为特定环境引入了人文关怀（见图 3–31）。

国外多数地铁站内的导视系统的设置都保持了连续性的特征，每间隔一段距离，设置一段当前所在位置及线路指向图，在整个地铁空间环境中形成了密集的信息带和信息岛（见图 3–32）。只有充分考虑乘客在每个空间点的行为及心理状态，才能正确、及时

图3-31　沙勒罗伊居里夫人医院

图3-32　地铁站内导视信息图

地指引乘客顺利抵达目的地。

悉尼 TAFE 学院停车场入口在保证可视性的前提下，也考虑了适时适地原则（见图 3-33）。比如入口导视需及时反馈停车场是否开放 / 关闭、满 / 空位数量等信息，这些是停车用户当下在入口处最需要获知的导视信息，信息的准确及时获取，可避免造成不必要的麻烦。

体育场作为竞技或演出的开放性场所，会聚集众多人流，因此对其导视系统的设计应格外细致入微，抓住关键节点，并以关键节点为中心定点分布导向信息，设置满足人眼视角需求的高低定位方式，以最佳的定位突显导视内容，引导受众有秩序、无困扰地寻找到目标（见图 3-34）。

图3-33　悉尼TAFE学院停车场入口导视牌

图3-34　体育场内导视信息图

3.3 通用原则

导视系统的设计还应具有通用性，即设计时导视信息元素应最大限度地面对所有受众，被受众所接受与识别，以达到广泛的认可。目前导视设计的表现形式多样，虽然没有一个确定的导视系统设计标准，但是如果在设计时能够遵循国际标准，以人的认知习惯为出发点，以环境心理学、人体工程力学等人性化的研究成果为依托，则是更为理性、科学、认可度高的导视系统。

在设计时，首先需要明确导视信息元素的表现形式与方法，可参考相关标准，考虑受众群体及空间环境，进行综合设计。一方面，应尽量选取国际、国内认知的通用图形符号进行视觉信息的设计与传递。这样不管表现形式如何，都是基于同一造型元素而产生的形态变化，简单易懂，不会妨碍其图形信息内涵表达的一致性。另一方面，文字字体可根据地域与环境空间风格进行不同选择，行距及排版等也可从艺术性角度出发进行组合设计，但都要以受众群体对语言文字的理解为前提，文字的信息传达需要尽可能采用双语系统，即中文和英文。设计应全方位、多层面、广跨度，避免导视信息通用性的缺失。

ZOLOTO 公司受托为园艺大师开发导视系统，委托方要求在莫斯科市区，期待彻底重建改造的其他公园中也可以应用该导视系统，或将导视系统按比例重新调节后再用于其他公园（见图 3-35）。

在该导视系统设计中，设计师设计了一个模块化系统，该系统在构造、图形与信息内容上将成为公园导视系统的基础。该模块系统在使用上必须具备广泛适用性与方便性。

图3-35 Sodovniki公园标识系统

2014 年世界足球赛由里约热内卢市政当局开发的赛事交通路线方案涉及引导主要交通枢纽及景区的球迷乘地铁抵达马拉卡纳球场，以及赛事结束后球迷可以顺利返回下榻住所（见图 3-36）。

图3-36 2014年国际足联世界杯足球赛里约热内卢赛场

在艾诺亚购物中心中，设计师运用的设计语言非常流畅，使用的设计元素汇集了标识、插图、图标与箭头（见图 3-37）。购物中心属于人流密集的地方，其公共导视的设计应该易于识别，图 3-38 即采用通用的公厕导视标识，便于人们快速、准确地获取信息。其他相关导视设计如图 3-39 和图 3-40 所示。

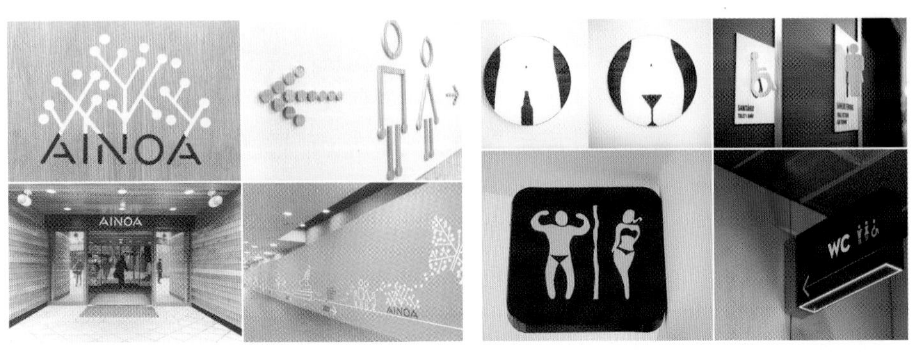

图3-37　艾诺亚购物中心　　　　图3-38　各式各样的厕所标识导视图

图3-39　世界各地公共导视符号

图3-40　机场停车及到达的代表字符

当然，在我们身边也有一些欠佳的导视设计，很多是因为没有正确把握以上三种设计原则，忽略了从受众和科学的角度进行全面综合的分析与设置，如图 3-41 和图 3-42 所示。

图3-41 西安秦汉唐西入口

图3-42 西安大雁塔地铁施工丁字路口

西安秦汉唐的“西入口”导向信息，以大面积的牌面为背景，由于字体的色彩及字号大小都不够显眼，很难被受众识别，会造成行人或车行人员因错过关键提示信息而不断盘旋找入口的问题。

在车流量大且混乱的丁字路口，设置禁止左转弯及右行路线导向提醒的初衷是正确的，但由于不同方向车辆的行进会阻碍左右转弯车辆的视线，所以导视信息的设置属于定位方式不合理。应该从驾驶员的角度出发，将导视信息牌的位置至高悬吊，这样可避免行进方向的不必要错误，从而使交通管理更加有序。

在环境导视系统设计中，无论是强调识别性的醒目原则、强调便捷性的适时适地原则，还是强调认同度的通用原则，都是从以人为本、为受众提供服务的出发点进行信息的传递，都是为了将导视系统的各个要素充分利用到空间环境的美化中，都是为了促使你、我、他更加有秩序、有方向、有目标地顺利行进。

思考与设计

1. 环境导视设计的原则有哪些?

2. 色彩与文字元素对环境导视设计有哪些影响?

3. 综合运用环境导视设计的原则，设计一个自拟主题的小型公共空间的环境导视系统。

第4章

环境导视设计的分类

4.1 城市交通导视类

城市交通导视系统是我们日常生活中不可或缺的组成部分，它对公共空间中人流的分布与走向、市民方便舒适的出行以及人们日常行为公共道德的约束都起了十分重要的作用，因此建立一套完整、规范、高效的城市交通导视系统显得尤为重要。在当今社会，城市交通导视系统的发达程度已经成为衡量一个城市发展和国际化的标杆。

4.1.1 城市交通导视系统的概念与分类

城市交通导视系统是指在城市当中能清晰准确表示内容、位置、方向、原则等功能的，以文字、图形、符号等形式构成的视觉图像系统的设置（见图 4-1 至图 4-4）。导视系统是城市秩序的引导，是市民日常生活的参照，是城市文化品位的体现。

（1）从具体的功能角度可划分为三类：

① 定位系统：标示名称，提供场所的识别信息。如建筑物名称标识，街道路牌、门牌，候车厅、收费处、卫生间的名称或符号标牌等。

② 指引系统：指引方位和线路，引导人流动线。如地铁站的出入口方向（箭头）导视、商场的电梯方位导视等。

③ 提示系统：作为各类信息发布的载体。如公共场合的禁止吸烟标识、公共设施的使用说明，以及各类宣传栏、公告栏等。

（2）从作用的层次和范围可划分为两类：

① 市政基础导视系统：城市基础设施建设的一部分，包括各类道路交通导视牌、街道路牌、门牌号、公共信息栏、公共建筑标识等，为市民提供最基础的指引和信息服务。

② 功能场所导视系统：车站、公园、医院、学校、图书馆、商场、企业等各种公共或商业场所内部的导视系统，为该场所内的人群提供指引和信息服务。

图4-1　城市交通导视系统(1)

图4-2　城市交通导视系统(2)

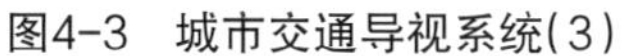
图4-3 城市交通导视系统(3)

图4-4 城市交通导视系统(4)

4.1.2 城市导视标识规划设置的原则

1. 识别性原则

判断一个标识系统设计的成功与否，关键在于公众能否完全简单地、准确地加以识别。在实际的城市规划设计中，我们应从人、标识、环境三者的关系出发，考虑不同人群在语言、文字、行动、视觉、环境程度、公众距离等诸方面的差异，满足各种人群识别的需要。

2. 同一性原则

同一性原则的应用能使公众对特定的城市导视标识系统有个统一完整的认识，增强标识的传播力。设计出具有高度视觉传达功能、形象和标识鲜明、准确的城市导视标识系统，是设计中需要解决的重大问题。作为一种视觉语言系统，应保证视觉上的同一性，即统一性与关联性，也将更趋向于标准、规范和符号化，以符号形式来统一和处理信息（见图 4-5 和图4-6）。

图4-5 城市导视标识规划设置(1)

图4-6 城市导视标识规划设置(2)

3. 地域文化性原则

城市标识的灵魂在于它的文化底蕴。城市标识系统与城市文脉是一脉相承的，是一个内涵深厚、外延广泛的范畴。它涵盖了这个城市的自然风貌、传统民俗文化和一些有特色的地域文化及人文景观。在这套系统中，地域性对其影响至深，因此城市标识的设计应考虑该城市的历史背景与文化轨迹，充分突出和创造城市的地域个性与特色，将传统优势文化与现代化高度融合，以提升整个城市在公众中的影响。

4.1.3 城市交通导视系统中的色彩应用

1. 关于色彩的表达方式

1）色彩能够有效地传达地域文化

城市交通导视系统的设计关乎一个城市的城市形象，体现着一个城市的特点，是该城市的历史、文化、政治、经济及艺术与设计的缩影，是外来游客对该城市的第一印象，能使人们快速地感受到城市的地域文化氛围。城市交通导视系统从标志色彩到辅助图形色彩以及环境色彩都能够有效地传达地域信息。例如，伦敦地铁及伦敦红色巴士，已经成为伦敦城市文化的重要组成部分。国内如西安地铁，标志采用印章红，代表“九朝古都”的地域文化，所有车站整体色调均为明快的浅色，搭配藏蓝色与木黄色，尽显古城大气风范（见图 4–7）；郑州地铁，标志采用金黄色，是“母亲河”黄河的代表色，也寓意黄河文明，站台整体色调采用古典红及金黄色，展现中原文化特色（见图 4–8）。这其中有扎根于各个地区和国家的传统色彩及个性色彩，这些色彩往往包含着每个国家及地区的特色和规则。

图4–7　西安地铁导视系统

图4–8　郑州地铁导视系统

2）色彩能有效地传达空间环境

在城市交通导视系统的色彩设计中，色彩的规划过程就是通过色彩建构空间环境，用色彩传递信息（见图 4–9 和图 4–10）。色彩的导向作用不仅仅是在导视牌上，更应该在室内外的环境上运用相关色彩的设计。栏杆、地面饰线等不同的地方，在室内装饰之余还能起到暗示线路信息的作用，有效地引导行人的出行方向。所谓的导视系统不是只将标识设置在环境中，而是将环境变成能发挥标识作用的环境。例如香港地铁，在同一线路中运用不同的色彩区分不同的站台，这样对于那些熟客，无须寻找站名或者看线路图，就能很快地确定自己的位置，不但增强了“定位”和“认知”程度，也美化了环境，如港岛线的炮山站是绿色的，太古站是橙色的……对于不太熟悉环境的乘客来说，对颜色的记忆程度往往大于对文字的记忆程度，这样能够更加快速记忆所在站台。

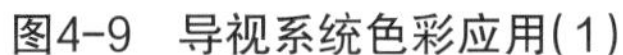

图4-9 导视系统色彩应用(1)

图4-10 导视系统色彩应用(2)

3）色彩能快速地帮助信息分类

相对于文字信息的分类认知，色彩能够更加快速、有效地区分信息，进行信息分类。充分运用色彩的信息传达作用，将导视信息分层传达，明显的文字信息为陌生的使用者所用，而熟悉该交通线路的老乘客则可以通过线路的色彩来辨别。这种用色彩区分不同的地铁线路，在国内外的交通导视中运用广泛。运用对比的色彩，可以让标识在环境中更加跳跃。大多数的地铁也都用颜色代表地铁线路，有的城市如芝加哥、华盛顿地铁的名称就按照颜色叫，老乘客们的经验就是“颜色对就上车”。色彩作为城市交通导视系统中重要的构建要素，它的信息功能人性化可以帮助人们对所在环境空间有一个整体、系统的认识，从而提高人们的出行效率，增强城市的运转速度。

2. 城市导视系统的色彩设计方法

1）遵循城市导视系统色彩与环境的统一性

在城市交通导视系统设计中，设计师要运用色彩特性对导视系统进行整体性、区域性分析，使其色彩不仅具备识别性，还能与周围建筑、环境相统一，满足功能、内涵、环境三方面的要求。城市建筑物色彩、城市道路、广场、绿化等因素是在城市导视系统建立之前已有的或与导视系统的设计建设同步进行的，色彩的设计是为了配合城市导视牌向人们进行信息的传达，只有将色彩的设计与导视信息及所在环境相统一，才能符合城市标牌的不同功能以及目标上的实际需要。

2）注重城市导视系统的色彩功能性

城市交通导视系统最根本的目标是满足人们日常生活的需求，使人们安全、快速地到达目的地。因而，其色彩设计要以功能性为根本原则，切莫为追求其设计美感而忽略功能性，要充分运用色彩的色相、纯度及明度三大属性，研究在不同环境下的不同色彩对视觉识别系统的影响。城市导视系统中色彩的设计大都采用了对比强烈、易见度高、易于记忆的色彩搭配，使其色彩服务于功能。

3）满足人们对城市导视系统中的色彩情感诉求

在城市交通导视系统所处的环境中，常常会出现人流量大、声音嘈杂、充斥大量广告信息等情况，在一个干扰性极强的环境当中，如何利用色彩的特点属性来传达信息、增强识别力就显得尤为重要。在较为开阔的场地当中，通常会使用高明度、高对比度的地面导视系统来指引方向。例如，香港的车流量很大，站在道路交叉口的时候，通常会看到用黄色线条写着“望左”“望右”的字眼，提醒人们过马路时，要向左方或右方看，注意车辆，人性化关怀由此得以体现。而色彩作为情感化的视觉语言还可以有效缓解地下空间带来的封闭和压抑的感觉，使行人在交通换乘过程中能够身心愉悦。交通图标如图 4-11 所示。

德国柏林公交的色彩系统，为了能够建立一个温馨、充满人文关怀的现代企业，设计师为其选择了柠檬黄作为企业的基准色，黑色是图标和字体的颜色，这种黄色系统能够很好地识别和认识。柏林的冬天是阴冷和灰暗的，黄色的公交系统色彩犹如一盏温馨的灯给人一种温暖。加上柏林公交公司对站内的灯光和广告的数量进行了有效的控制，人们很容易在站内找到相关的信息。在不破坏车站的整体效果下，色彩系统被发挥到极致，比如地铁机车外部和车厢内部、售票机、信息导视牌等都统一在色彩系统之下。黄色的色彩系统是柏林公交给人们留下的一个强烈印象（见图 4-12）。

图4-11　交通图标

图4-12　柏林公交色彩系统

色彩是城市交通导视系统设计当中至关重要的设计要素，在导视系统识别过程中发挥着重要作用。在城市导视系统色彩规划的过程中，应遵循以人为本的原则，把握色彩的全方位特征及属性，综合运用，并赋予其新的语义与象征，满足人们的出行需求，提高出行效率，创造和谐的生活环境，促进城市的发展。

4.2 商业环境导视类

4.2.1 商业导视系统设计的分类

商业导视系统设计如图 4-13 所示。

1. 品牌导视设计

品牌导视设计是品牌形象设计的重要组成部分，也是导视设计各个特性的集中体现，有很强的表现性和可塑性。在实际设计中，客户会要求单独设计一套导视设计系统，很多规模较大的设计公司也将导视设计由平面设计部门和环境设计部门结合来完成。由于导视设计是个交叉性很强的学科，因此利用不同的资源来针对导视设施的设计也是有效、合理的工作方式，同时也是对越来越被人们重视的导视设计的一种创意思维上的转变。品牌导视设计是将企业或品牌内部的组织机构进行合理的分类及有效的整合，有提高工作效率的重要作用，也是加快企业发展和传达企业理念的重要手段之一，同时对企业环境的优化贡献了力量。

2. 商务导视系统设计

市场经济的发展推动了越来越多的经济实体在城市中的出现，也使全国各地的大中型企业和贸易机构走进大城市。为了适应这种经济结构的变化，城市里建起了很多办公楼、商务楼、写字楼等，许多家公司聚集在一幢建筑里，形成了公司聚集的商务环境。各个公司在商务楼里又与许多人有着广泛的商务往来，所以商务导视设计面对的人群以及其具有的行业属性较其他导视设计有所不同。商务导视设计应考虑到所针对的特群及特定的办公环境，因此它是一个具有特殊属性的导视设计应用范围，一般适合庄严、肃穆的设计风格。商务导视设计属于较复杂的商业导视设计类别，应根据具体公司从事的商务活动来确定设计思路或根据商务整体的建筑空间来统一规划。

3. 商场导视系统设计

随着现代大型商场设置日益齐全，功能繁多，集购物、休闲、餐饮、娱乐、文化消费于一体，人们也对商场购物环境提出了越来越高的要求。完善的商场导视设计不仅能为消费者在商场中指引方向，带来便利，创造人性化的消费购物环境，

图4-13　商业导视系统设计

而且能集功能性与艺术性于一体，以提升商场购物空间的整体形象、突出商场品牌化及个性化的服务、增强市场的竞争力为主要目的。

购物中心最早出现在欧美发达国家，至今约有一百年多年的历史。购物中心表现在空间环境上是商业空间步行化，步行空间室内化，公共空间社会化。表现在经营上是不仅包括了百货店和各色专卖店，而且集合了众多的文化娱乐、餐饮、服务设施，如影剧院、艺术画廊、健身中心、咖啡厅、酒吧、快餐店、餐厅、银行、美容美发厅等，融商业、娱乐、休闲于一体。所以，购物中心既是一种新型的商业模式，又是传统商业模式的延伸。由于现代商业空间呈现多元化的发展趋势，商场由原来单一性的购物环境发展为综合性的现代商场模式。随着消费群体更加广泛，消费类别日益扩大，因此商场导视设计对现代化的商场环境建设起着越来越重要的作用。

4.2.2　商业导视系统指示标识的设置

美国城市学家凯文•林奇教授提出了“认知地图”分析法，将商业空间的“认知地图”总结为 3 点，即节点、通道和区域。导视系统的设置首先应保证连续性，像接力棒一样，在到达指示目标地之前，所有可能引起行走路线偏差的地方，均有该目标的引导指示。商业导视系统的设置要注意以下几点：

（1）人流路径结构明晰。路径结构简明才易于理解，且易于形成整体意象。

（2）注重转角处导视系统的设置。商业空间往往是不同交通方式相互转换的交接点。交通转换元素通道、转角、卫生间、扶梯（楼梯）可看成节点，不同功能区域的交接处也可看成节点。节点的数目不宜过多，宜用空间中的图形以加强易识别性。

（3）注意空间的界面处标识牌的设置。地上和地下空间的交接面是最重要的界面，如停车场、商场入口等可形成卖场的第一识别印象，应充分利用这些重要的界面。同时，在商业空间中行人的前进路线上要进行特别的设计，根据人的心理和行为特点在需要的位置和距离处进行布设，即在顾客心理上有需求的时候就应该出现导向信息，保持视觉印象的连续，且所有的导向要素在使用环境中都应是易于被发现的。商业空间的导视系统的地面引导装置要保持连贯性，主、次通道之间应建立联系且能够循环，让人们能够根据地面导视设施感知到自己所在的网点。在调查中发现，有些商场因设置的指示牌数量过少，没有给消费者形成连续的印象，这大大削弱了导视系统的功能，给顾客的购物活动带来了很大的不便。

4.2.3　商业环境导视系统性设计

一套完整的导视系统涉及色彩、图形、字体、版式、形状、材质、工艺以及科学的设置等诸要素，要将各要素综合考虑进行系统的设计。这些设计要素的应用基础以及设计的形式与商业定位是密不可分的。商业定位是商业项目策划的开始，统筹后续诸多方面的工作，导视系统的设计与安装都是为整个商业运营服务的。要实现导视系统的系统性设计，其中有几个原则需要注意。

1. 功能性原则

“功能第一，形式第二”，导视系统设计的最终目的就是功能性的应用，满足人们日常生活的需要，帮助人们安全、快速地到达目的地。这就要求导视系统中的所有要素都要为这一原则服务。功能性原则指设计要符合商业视觉导向的环境特征，并满足视觉识别的基本要求。在设计中，首先从商场的定位、目标群体、类型、范畴、位置等层面进行准确分析，使导视系统中的文字、图形、色彩及指示性符号等元素能充分表达与其指意直接相关的信息，达到形式与内容的完美统一。只有经过高度概括，能简练、生动地反映出客体基本特征的图形和符号形象，才能有效提高图形和符号的辨认速度和准确性。一些特殊商业场所的标识牌需要进行“瞬间识别”，如大型的超市，其导视系统在设计上则多以文字为主，在信息的传达中主要考虑字体的快速识别与艺术性的结合。

2. 系统化原则

商业视觉导向的系统化原则主要是指空间和功能上的系统化，包括整体视觉的延续和系列化的设置。一方面，商业视觉导视系统不同于随心所欲的艺术创作，它不但要求同一系统中的构成要素互相关联，也要求各体系之间彼此联系。在一个商业环境中，任何一个点都可以作为导视系统的起点，应该系统地说明所在区域和周边区域的位置。另一方面，系统化的体现更多地表现为全面性、综合性及科学性。全面性是指在导视系统的设计中全面考虑受众人群的信息需求；综合性主要体现为综合地考虑信息提供的顺序、种类、方式等；而科学性的表现则是多方面的，包含人机工学、心理学、美学等方面的问题。具体而言，系统化体现为商业空间中的信息牌、导向标牌、说明牌、辅助标牌等在设计风格、规格、色彩、材料、造型等方面的一致性，导向的连续信息提供的全面准确性。

3. 统一性原则

商业空间导视系统的统一是非常重要的，首先统一设计风格。在确认导视系统的工作目标的基础上（不但确认为什么人提供导向服务，还要确认提供什么样的导视信息），确定所有的设计要素能够围绕一个风格进行设计。其次是统一信息提供的种类及设置的位置。导向标识牌是导视系统的重要载体，是验证实现效果的重要部分，因此确认合适的节点、提供合适的标识牌是工作的核心。最后就是信息提供方式的统一。尽管这一方面国家标准有很多资料可以提供有效的查询和借鉴，但仍应因地制宜地调研分析，为信息收集、版面设计提供有效依据。

AINOA 是一家位于赫尔辛基的综合的大型购物中心，中心内的所有导视系统设计由当地的一家品牌视觉创意公司 BOND Creative Agency 完成，整个风格大胆、前卫而且十分简洁，可以说是一个值得大家借鉴和欣赏的一套创意设计作品（见图 4-14 至图 4-17）。

由于导视系统的主要功能是导引方向，而导引方向的首要问题是确认方向及所及方

图4-14　AINOA导视系统设计（1）

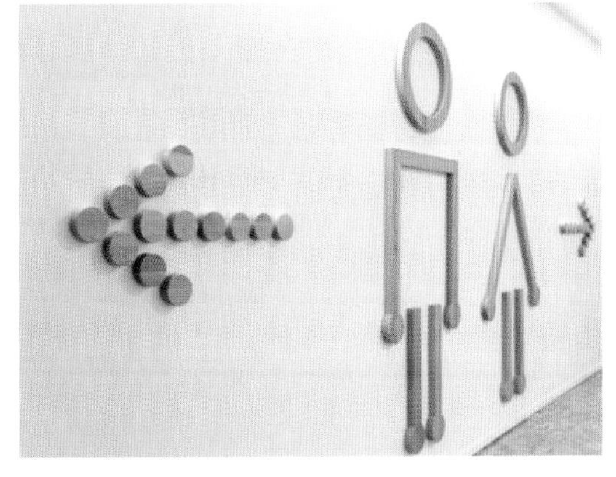

图4-15　AINOA导视系统设计（2）

图4-16　AINOA导视系统设计(3)

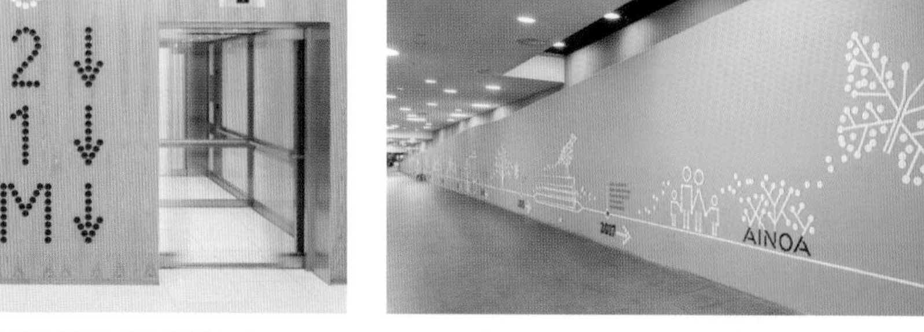

图4-17　AINOA导视系统设计(4)

向内的信息提供。商业导视的一个辅助功能是有效地辅助商业流线，使访客在商业空间内的流动有序可控，有效地避免商业弱角或死角。因此，商业空间中的导视系统设计应在注重功能使用的基础上，引入先进的理念进行规划设计，着重在商业导视系统的系统化、统一性等方面下功夫，给消费者提供出一个引导标识清晰、系统、便利的商业空间环境。

4.3
园林、景区导视类

园林、景区的导视系统对提升景区的文化形象、烘托整个景区的文化氛围具有重要作用。因此，文化景区的导视系统设计不仅要具有实用性，还要凸显地域文化特色和景区文化特色，符合空间环境和行为科学，体现人文关怀（见图 4-18 和图 4-19）。

图4-18　园林、景区导视系统设计(1)

图4-19 园林、景区导视系统设计(2)

4.3.1 园林、景区导视设计的概念

作为通用性设计的景区导视系统，承载着双重的责任。既要建立统一、规范和利于游客认知与识别的形象体系，又要与景区的品牌形象相吻合，展现景区独特的人文历史和文化特色。由于不同的景区所拥有的旅游资源是有差异的，所以即使同为人文景观的多个不同景区，它们在景观的侧重点上也是不同的。这就决定了景区导视系统在标准化设计的基础上，更应该进行特色化设计来彰显自身景区的特点，使游客从直观感受中感知到不同于其他景区的差异感和新奇感。从这一角度而言，园林、景区导视系统的特色化设计在园林、景区品牌打造、形象塑造，以及为景区创造可观的社会价值、经济价值等方面，都具有重要意义。

4.3.2 园林、景区分类及导视特点

景区按旅游资源的构成分为自然景区、人文景区及社会资源景区三大类型。不同类型景区的服务功能及项目，有着不同的需求及差异，如导视设计的种类、数量、摆放位置等都可能会有所区别。通过对景区类别的划分，能够对景区的性质有一个全面、完整的了解，从而制定、规划、设计出相对应、相协调的导视系统。

1. 人文景区

人文景区指的是展现人们创造的物质文化和非物质文化的景区。其导视系统的设计，应该突出体现景区的文化特征，在造型形式、装饰纹样、色彩上符合景区的文化特征，让风格保持统一。

2. 社会资源景区

社会资源景区是指展现各地的民俗风情、建设风貌及发展成就等的景区。其导视系统设计就要更加注重规划设计，在规划设计中要考虑与景区的规划相一致，突出景区的自然风光与人文特征。

4.3.3 园林、景区导视系统的设计主旨

园林、景区导视系统的设计要考虑很多因素，要体现文化内涵，对人文文化的特征进行总结、概括、提炼与转化，提升景区的文化形象，烘托整个景区的文化氛围。要考虑到其最初也是最为重要的功能——实用功能。要体现人文关怀，导视设计在方便人们出行的同时，更要让人们在环境中体会到人性的关怀，方便不同文化、不同年龄、不同身体状况的使用者。在材质选择上保持其与景区文化特征相协调的同时，更要考虑其经久耐用性、环保性及今后的维护工作。总而言之，导视设计不仅要实现其实用功能，还要体现出地域文化特色及其个性。

1. 凸显地域文化特色

导视设计要引导信息的接受者对整个环境构成有一个整体的认知，在传达环境空间文化属性的同时，还要凸显出场所的文化内涵特点。导视系统设计要立足于当地的文化特征、典型材料、历史典故、文化遗迹、传统民间工艺、地理气候特点等，这些都是设计的灵感来源。例如，西来灵水古榕带景区的导视系统（见图 4-20 至图 4-24），充分利用了中国传统文化的意境，并将其很好地融合在了标识系统当中。整个导视系统无论是辅助图形的概念来源，还是字体、色彩、字形以及材质的选用搭配，都用得恰到好处，与整个古镇的建筑、文化及意境完美结合，最终以对禅的体悟

图4-20 西来灵水古榕带景区导视系统设计(1)

图4-21 西来灵水古榕带景区导视系统设计(2)

图4-22 西来灵水古榕带景区导视系统设计(3)

图4-23 西来灵水古榕带景区导视系统设计(4)

图4-24 西来灵水古榕带景区导视系统设计(5)

来实现最佳的视觉表达，平静而自然地延续着西来的品牌思想。

2. 凸显景区文化特色

景区的文化特色对旅游景区形象的提升、特征的凸显、地域精神的强化等起着决定性作用。有了文化特色，人们在认知和应用导视系统设计的时候会感受到这个景区所具有的特有的文化气息。在当今这个时代，国际主义风格设计风靡世界，大部分景区的导视系统设计不仅缺乏自身的特点，而且借用外来文化资源，导致设计不仅没有当地的历史文脉，并且忽略了本民族传统文化的继承与发展，弱化了景区本身文化特色的诠释与传承。成都市宽窄巷子景区的导视系统设计（见图 4-25 至图 4-28），运用了传统的中式方正形状，配以南方特有的青砖色，使其与宽窄巷子的建筑融为一体，启功字体作为主体字样，格外凸显了中国的文化底蕴与气质，正面提炼了中国古漏窗元素作为外框，配以乳白色亚克力板做底，夜幕降临时看上去像青砖古墙上待开的一扇窗，以现代简洁元素将古典的内敛与沉淀展现得淋漓尽致，标识指示清晰、目标明确，具有很强的景区文化特色。

图4-25 宽窄巷子景区导视系统设计(1)

图4-26 宽窄巷子景区导视系统设计(2)

图4-27 宽窄巷子景区导视系统设计(3)

图4-28 宽窄巷子景区导视系统设计(4)

3. 符合空间环境和行为科学

导视系统最基本的功能是让使用人群更为方便、快捷地辨识环境。各种导向标识会在游客游览的过程当中，无声地、默默地出现在旅客最需要它的地方。游客会通过导视系统来了解、感受景区的一些信息。由于园林、旅游景区环境的特殊性，良好的环境导视系统设计可以反映出整体环境的素质，是环境文化传播的良好途径。目前我国大多数的园林、景区导视系统设置都不尽合理，其设置位置、出现的形式等，不仅与周遭的环境不协调，还会给身处其中的人群带来不便与不舒适感。

4. 符合多元化人群的认知习惯

个性化、特色化的景区导视系统设计，有助于给身处其中的游客留下深刻印象。导视系统作为一种视觉语言，其本质和作用是加强信息沟通，提高识别和传播效率，引导游客快速、准确地前往目的地。因此，必须要能够被人的视觉所触及和观察到才能发挥其功能，实现人与导视系统间的信息交流和传递。在导视系统设计中，必须坚持形式服从于功能的基本原则。在景区的导视系统规划与设计上，必须兼顾不同文化、地区的认知习惯（见图 4-29 和图 4-30）。

图4-29　园林、景区导视系统设计(3)

图4-30　园林、景区导视系统设计(4)

4.4 住宅环境导视类

在人际交往越来越频繁的城市活动中，导视系统的设置地点越来越普遍，尤其是在人群聚集较多、空间变化较复杂的重要场所。城市住宅区导视系统的目的就是使一个初到陌生住宅空间的人甚至是外国人，不受语言和文化不同的影响，只要通过查看导视物就可以方便而迅速地获得所需的指引信息，完成空间的行为方式。同时，住宅区导视物也能帮助残障人士、老人和小孩在内的各类居住人群，按照各自的身体状况，选择自己的行为空间方式。完善的住宅区导视系统已经成为公共空间必不可少的地标式符号。

4.4.1　城市住宅环境导视系统的基本概念

城市住宅环境导视系统，顾名思义，是引导人们在住宅区内的公共场所，进行活动的信息展现系统。城市住宅环境导视系统，需要我们考虑到不同空间的地域文化特点、居住人群的价值取向和精神追求，考虑住宅区建筑和自然景观的特点，通过形象化的图示符号，建立起合理的空间变化引导，让不同类型的人群在特定的城市住宅环境内，产生对住宅空间的良好认知，达到生活便利的目的（见图 4-31 和图 4-32）。随着城市住宅区的大量新建，新城区和老城区空间地域相互交织，导视系统在新的时代变化下，也有了新的特点和要求。

图4-31 住宅环境导视系统设计(1)

图4-32 住宅环境导视系统设计(2)

4.4.2 住宅环境导视系统的人性化设计要素

城市中的人一生中大约三分之二的时间是在住宅环境内渡过的，居住是人类最基本的需求，居住地是生存的基础。住宅环境的建设与社会的发展是紧密联系的，社会、经济、文化的每一次变革和发展都会在住宅环境的建设中反映出来。随着这种发展和变革的推进，人们对住宅环境导视系统设计功能性的要求也越来越高，导视系统人性化的设计便是人们提出的一个新要求。

在研究导视系统的时候首先要确定的就是导视物，导视物是整个系统里的一个信息的载体，也是导视系统设计里面最为关键的一个部分。住宅环境导视系统人性化设计的主要内容为住宅区环境、空间流向的导视物，包括住宅区进出口导视、住宅区平面布置图导视、住宅区楼号导视、住宅区楼层导视和住宅区方位导视等。住宅区的环境主要由自然因素、人为因素以及社会因素这三个方面组成，其中还包含了物质追求和人们的精神价值取向的不同。这些不同都影响着住宅区环境，一些大型的住宅区有绿地、景观、俱乐部、专业会所、体育场地、学校、停车库等，所以小区内的导视系统设计自然要有完善的规划。另有一些住宅区设计没有围墙，这些区域要建立一种使来访者感到方便和美观的标识。但是所有的设计都要满足居住在这里的人群的心理需求，要考虑到人们的心理感受，给人们建设一个完整和美好的居住环境。想要建设一套完善、完整的导视系统，必须要体现的就是人们对环境的认知和认同，导视系统与人和环境都是相互依存的。好的导视系统必须有自己独立的导视功能才能很好地融入整个环境中，还要考虑到材料因素、人文精神、造型设计、社会背景，这样才能创造出适合城市的住宅区，达到和谐的效果（见图 4-33 至图 4-35）。

图4-33 住宅环境导视系统设计(3)

图4-34　住宅环境导视系统设计(4)

图4-35　住宅环境导视系统设计(5)

4.4.3　创造具有文化价值的住宅环境导视系统

图4-36　住宅环境导视系统设计(6)

在城市迅速发展的时代，城市文化反映出人们在城市发展过程中创造出的物质和精神财富的总和，是市民在长期的生活过程中共同创造的具有城市特点的文化模式，它具有复杂化、多元化的特点。它不是一成不变的固化状态，更不是古老遗迹文物保护的简单理解，它记录了城市的历史传统和社会发展，反映了城市的制度组织和社会结构，传递了城市的文化建设和文化产品，体现了城市的人口结构和人文素质，凸显了市民的生活方式和生活质量。然而城市文化的真正载体是生活，人们城市生活环境、生活方式和生活习俗的表达，是城市文化的深层根基，只要生活在继续，文化就能传承。因此，城市住宅区域作为市民生活的空间，是具有浓厚的文化象征意义及民族情感等内在特征的。其导视系统更应该注重文化呈现的责任和功能。在商品房开发的浪潮中，不同类型的住宅区域具有不同的特点，价格定位、目标客户群体的文化层次定位以及所反映出来的生活价值观均有不同，这就要求包括导视系统在内的建筑体、道路景观和公共活动场所等均要反映这些人群的文化内涵（见图 4-36）。

4.4.4　住宅环境导视系统的绿色环保设计

国际上通常把能体现三大主题的住宅称为生态住宅：以人为本，关注健康；节约和再利用自然资源；与环境相协调与融合。我国住宅建设绿色生态环保的理念也逐步在提升，住宅区导视系统体现的生态文明对人们的审美意识、道德情操也有影响作用，成为住宅区文化品位、文明素养的标志。绿色生态观念要求的导视物首先应该崇尚自然，人们生活在自然界之中，始终离不开对自然的认同，选择源于自然的材质作为导视物的材料，会使人们生活栖居的地方更接近于自然空间，让生活其间的人更亲近自然，拥有喜悦的心情。其次应该注重节约能源，这样的设计理念不仅能反映出设计者的社会责任感，同时也能体现设计者的创造性，从而在居民当中倡导一种节约和绿色生活理念。比如将太阳能的技术应用于解决导视系统的夜间照明问题，又如在大规模的住宅区内，选择可回收、低耗能的材料，这些做法都能传递出设计者对空间的尊重、对环境的保护意识。再次，注重整体环境的协调也是必不可少的。建筑区域的整体环境应该与自然环境融为一体，导视系统设计的环境要求也应具有与环境协调一致的特点。例如：在注重人文情怀的住宅区域内，导视物的造型设计、文字以及箭头指示就要具备低调内敛的文化内涵；而在注重时尚品位的住宅区域内，导视物的设计要彰显个性，达到导视物与环境的呼应（见图 4-37 和图 4-38）。

图4-37 住宅环境导视系统设计(7)

图4-38 住宅环境导视系统设计(8)

4.5 展览场馆环境导视类

在展览场馆环境的整体设计中，导视标识是关键并且重要的环节。如何实现完整、个性、实用、美观，既能给参观者带来便捷又能留下深刻印象的标识设计？这就大大考验了展览场馆设计者的水平。导视标识系统的功能特征决定了其展示形式必须简洁又明确，所以在表现手法、设计上，要给予足够的重视，要把握好这些原则应从以下几个方面着手。

4.5.1 视觉统一

展览场馆导视标识系统要与展品的品牌文化、信息管理相统一。相同的导视标识元素在空间中重复出现，让观众在不同的空间身份中，凭借相同的导视标识元素自觉地行进、参观。导视标识系统的元素除了文字、图示风格、色彩外，还包括相同的版式、材质、安装形式等，既要符合设计的功能和目的，又要方便、简洁，与周围环境相协调。展览场馆导视标识系统设计不仅要突出自身的特色和系统性，而且必须服从城市公共标识整体的要求，有利于城市形象的统一。作为场馆形象重要一环的公共标识，还要讲求国际化，即图示图形视觉元素的共识、文字表达的统一。

4.5.2 实用简洁

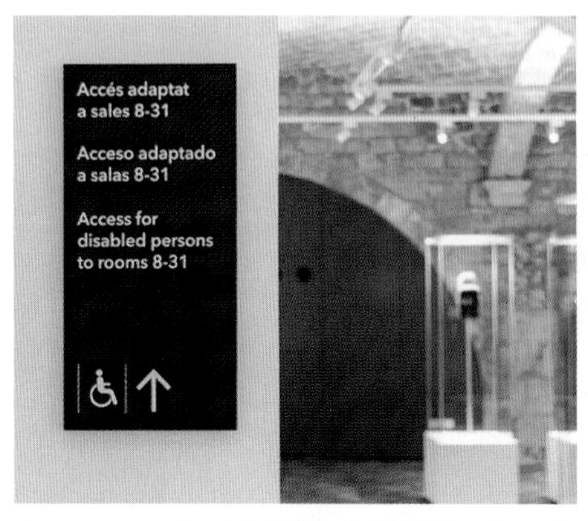

图4-39 巴塞罗那世界文化博物馆导视系统

人类在设计活动中始终将实用功能放在第一位。展览场馆导视标识系统提供的信息要实用有效，具有实用功能而满足人们的实际生活需要是区别设计艺术与其他纯艺术的标志。设计的过程就是对物品功能开发利用的过程。展览场馆导视标识系统的图示图形形象、易理解，文字与背景的色彩应有明显的对比，应选用没有衬线的文字，供观众在一定距离内准确辨认，在无障碍通道的展览场馆标识系统设计中，要符合国家标识系统行业标准（见图 4-39）。

4.5.3 清晰有效

“清晰”是信息的基本品质，如果信息的内容很重要，但形式很难被人理解，其品质也不能算好。信息传递清晰有效，这就要求导视标识系统设计的理性表达。设计师的工作要领之一就是要对信息进行整理，通过冷静地构建让信息明了易懂。导视标识系统是产品，既然是产品，质量就应该有保障。清晰、准确的设计能促进导向信息质量的提高，能使其更便捷、迅速地传播（见图 4-40 至图 4-42）。理查德·沃尔曼说：“信息设计的目标就是给予用户力量。”有些信息在世界广为流传，有些信息给人们带来强烈的震撼，这都是信息力量发生作用的见证，信息品质的提高带来的力量，能够增强受众的接受能力。

图4-40 展览场馆导视标识系统设计(1)

图4-41 展览场馆导视标识系统设计(2)

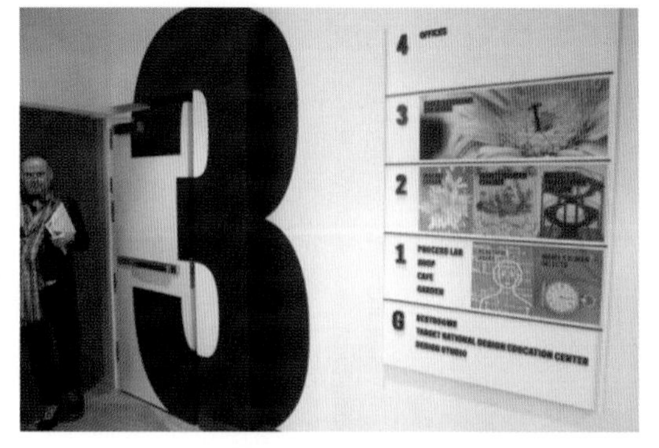

图4-42 展览场馆导视标识系统设计(3)

4.5.4 搭配和谐

一个有着形式美感的导视标识系统本身就会给这个信息带来更多受众，在建筑物的表面或内部出现时，与建筑物艺术、环境、空间保持和谐，使其成为统一、和谐的审美主体。展览场馆导视标识系统的外观造型、材质、工艺、色彩和谐、对比搭配，是产生美感的主要因素；不同材质能够体现不同的质感，激起观众丰富的审美联想；精湛、考究的工艺会给观众带来现代技术美的享受。例如：灯箱样式的光色效果与大理石底座的配合，在夜晚就形成了视觉对比的效果，突出指示和导向的审美功能；简单而精致的标识系统牌有时是协调周围环境的好办法，在展览场馆内，色彩和构造对式样影响很大，小而精巧的设计能够带来更好的视觉感受。芬兰 Serlachius 博物馆导视系统设计如图 4-43 所示。

图4-43　芬兰Serlachius博物馆导视系统设计

4.6 行政环境导视类

环境导视系统是环境中静态的识别符号。不管是执政为民的行政机关，还是服务于民的大中型企业事业、写字楼、办公场地、学校、医院等，其中舒适、和谐的标识系统不仅能准确地为我们提供便捷服务，还树立了机关和企业的良好形象，也为工作带来了高效。

4.6.1　办公空间环境导视系统设计

城市经济的发展吸引各国各地的企业、公司进入，几十家公司在一幢建筑中，形成公司聚集的场所。各家公司在人员管理、经营方式、商务往来等方面都有着明显的区别，且每日又接待着不同的办事人员，所以商务环境建立标识系统尤为重要。它可以使入驻的公司一目了然，提高公司的整体形象和办事效率，也便于物业的统一管理。

1. 形象标识

行政办公楼中的形象标识牌主要用于展示企业形象、企业所在位置。设计简洁明快、时尚新颖的形象标识牌是企业形象实力的展示，也是企业文化的重要组成部分，因而在现代企业中应用得越来越广泛。

2. 总信息标识

总信息标识牌主要放置在大堂，人员比较密集的场所，起着综合信息的作用（见图4–44）。在现在强调以人为本的社会，建筑作为流动的音乐，人文精神更是在其中得到了淋漓尽致的体现。总信息标识作为现代建筑的组成部分，其造型的设计、色彩的搭配及制作的工艺等均需仔细斟酌，以使之与主体建筑及绿植相互辉映。

图4–44　总信息标识牌

3. 楼层索引标识

楼层索引牌一般放置在楼梯口和电梯口处，用于标明各楼层房间的单位（见图4–45）。办公楼中的楼层牌主要用于标识楼层楼号，以便行人知道自己所在的楼层。清楚明晰的楼层索引是建筑必不可少的组成部分。

图4–45　楼层索引牌

4. 科室标识

办公楼中的科室标识牌用于企业及部门名称，也是企业 VI 形象的组成部分。科室标识牌一般由企业自行设计制作，也有的由大厦物业统一进行规划制作。

5. 功能标识

功能标识主要包括温馨提示标识、公共安全标识、开水间标识、洗手间标识、天气预报和日期提示标识等（见图4–46）。明快齐全的功能标识牌既能给人方便也提高了效率，已成为大厦管理中的必需品。

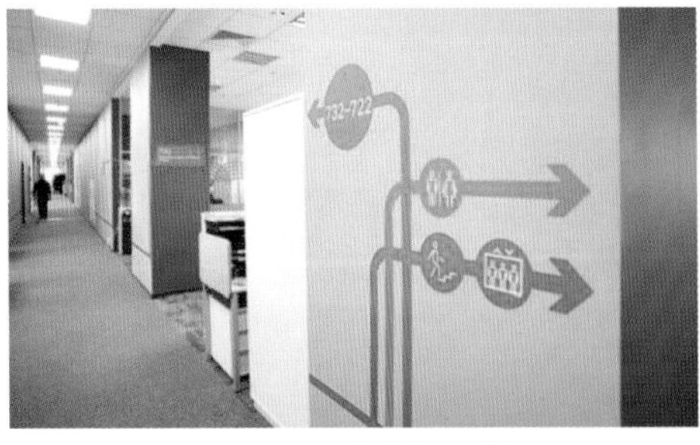

图4–46　功能标识牌

6. 其他标识牌

办公楼中除了形象标识牌、总信息标识牌、楼层索引牌、科室标识牌、功能标识牌等五种常用的标识牌外，还包括宣传栏、楼层平面图标识牌、桌面台牌、迎宾牌等各种标牌，其形态、规格千差万别，根据各单位的需求定制而成。

4.6.2　校园环境导视系统设计

人们关于导视标识设计的认知，在很长时间里就是文字、图形与牌子的组合，这仅仅是导视标识设计的一种表现方式。随着学校的不断发展，目前校园环境导视系统设计被重视并开展起来，校园建设形成了一定的规模，校园的不断建设与延伸使校园空间结构日渐复杂，校园空间环境变得不易识别、不易记忆、不易描述，这给外来人员造成了寻路难的问题。扩建后的校园总体面积比较大，建筑的相对距离较远，在这样的格局下，外来人员进入校园后很难对自己的寻路行为做出正确的抉择，当深入到校园某处时也很难对自己的位置进行定位，而进行下一步的行为决策。这就需要一套科学、合理的校园导视系统，它不仅能起到导视的作用，更是校园文化的良好表现。2×4 设计的 CCTV Headquarters 导视系统如图 4-47 所示。

图4-47 2×4设计的CCTV Headquarters导视系统

在进行校园环境导视设计时，我们应深入了解校园文化精神，将校园景观文化艺术与导视设计置于校园景观设计中，寻求它们的完美结合点。

1. 对校园文化景观导视设计的认识

文化景观导视设计是运用历史文化资源，在创新环境空间的基础上构建独特的文化场所，要充分考虑校园环境的公共艺术设施的参与性、艺术性及功能性，建立合理规范的标识导视系统。作为现代校园，景观导视系统是不可缺少的一部分，它是塑造校园文化新形象的核心（见图 4-48）。

2. 标识导视系统设计原则

人们寻址问路最基本的问题就是“我在哪?”“我要去的地方在哪?”“怎么走?”习惯采用传统的“看”“听”“问”“答”的方式，希望得到非常简单、直观的解答。首先根据学校总体规划进行功能区划分，采用分级检索、图文的有机结合和实效美观的立体造型进行标识导视设计，以求达到指示清晰、直观、连续的使用效果和统一、融合、人性化的艺术效果。设计原则主要有以下几方面：

图4-48　校园景观导视

（1）与学校形象系统的统一。

（2）与校园整体形象设计原则相符。建立人流、车流导视系统，即有独立，又有补充与互相关联，共同构建学校信息标识导视系统。

（3）延续校园规划设计理念，与校园景观设计的风格相统一。

（4）分级检索。标识导视系统应有由全局到局部、由局部到具体的分级指示，指示清晰、直观、连续。

（5）标识的内容要遵循以人为本、为人服务的原则。

图4-49　校园交通标识

（6）使用的材料要与当地的气候和人文环境相适应。

（7）交通标识牌布点要合理。校园交通标识如图 4-49 所示。

（8）符合人机工程学原理。

（9）中英文辨识度高。

3. 标识导视系统设计的内容

在进行标识导视系统设计前，要深入分析了解校园的建筑与环境条件、分区布局及车行交通流线；分析行政办公楼、各学院教学楼、公共教学楼、学生公寓楼、公共活动场所、对外交流场所等建筑内部部门结构、人行交通流线等；依照从外到内、从大到小的顺序，通过对校园环境的分析调研，对标识导视系统先进行分类设计，再进行分级设计，大致可分为室内和户外标识导视系统及车行和人行标识导视系统（见图 4-50 至图 4-54）。

图4-50　校园标识导视系统设计(1)

1）室内标识导视系统

室内标识导视系统包括立地式或挂墙式楼层总索引牌，分楼层索引牌，楼层号牌，各科室名称牌，行政办公科室名称牌，行政办公室工作职责，班级课程表，洗手间、开水间、教师休息室等功能标识牌，通道分流吊牌，挂墙式橱窗宣传栏，名人名句展示牌，公共安全标识牌，禁止标识牌。

图4-51 校园标识导视系统设计(2)

图4-52 校园标识导视系统设计(3)

图4-53 校园标识导视系统设计(4)

图4-54 校园标识导视系统设计(5)

2）户外标识导视系统

户外标识导视系统包括校外交通指示牌，学校名称标识牌，办公楼、教学楼、其他建筑物标识，学校建筑分布总平面图标识牌，立地式分流标识牌，立地式带顶棚宣传栏，植物知识介绍牌，爱护花卉草地标语牌。

3）车行标识导视系统

校园车行标识导视系统的设计应符合国家交通标识规范，尽量采用国家或国际通用标识符号和色彩，主要分三级。

一级：在大学校园外交通道路两旁设置的大学形象标识，明确指示学校的方向和距离，一般由市政管理统一制作安装。

二级：主干道以及南北东西主要入口。一级车行导视牌主要指示校园道路、主要分区及方向。

三级：各分区内道路等。二级车行导视牌指示分区内主要建筑、单位及方向。停车场标牌采用国际通用标志，并显示车位情况。系统标志形状、规格、颜色符合要求，并结合 VI 系统，展现校园统一、明确、个性化的形象。警告、禁令等标志牌放置于无遮挡位置。

4）人行标识导视系统

校园人行系统和车行系统要完全分开，它们并行延伸到建筑内部，并最终到达构成场所的基本单位——房间。人行标识导视系统是学校对外传达信息的主要途径，其功能不仅仅是标识学校各建筑物的存在，更具有公众引导和广告宣传的功能，主要分为五级：

一级：主入口。上面应有校园地图、分区图、校园建设大事记、导向信息，放于人流密集区域和校园主入口处。

二级：规划路与分区内道路等。

三级：建筑物前指示标牌，标识建筑内部单位及建筑物介绍。

四级：建筑物内部标识，一般包括建筑物总索引或各楼层平面图、楼内公共服务设施标识、出入口标识等。

五级：建筑物内各个具体功能房间的标识牌和户外的一些具体标识牌，如门牌、窗口牌、设施牌、树名牌、草地牌等。

校园导视系统能够体现学校的文化底蕴、历史积淀、学术氛围及人文特色，能够反映学校的办学思想、学校精神和价值观念，是学校隐性文化的符号式呈现。在一定程度上可以反映学校的管理、交流、沟通能力，树立良好的学校文化品牌形象。

思考与设计

1. 简述交通导视系统中关于色彩的表达方式。
2. 简述在商业空间导视系统的设置中要注意哪些问题。
3. 如何设计出完整、个性、实用、美观的展览场馆导视系统?

第5章

环境导视设计的材料与工艺

5.1 材料与导视设计

设计是人类按照某种特定的目的进行有秩序、有条理的实践活动，是一种人造物的过程，设计通过材料得以实现，材料通过设计得以提高自身的价值。因此，所有的设计都离不开材料。环境导视设计最终功能的体现需要依附于标识的载体，而材料是构成各种载体的基础条件。环境导视系统中视觉形象的形成、信息的传播、美感的产生、结构的实现等均离不开对材料的使用，材料影响着导视标识的质感、构造、外观造型和使用者的使用体验感受，同时，它还影响着环境导视系统的经济成本。材料本身也代表了时代的发展，不同的时代，使用的材料是有所区别的。随着现代科技的不断革新、加工技术的不断发展，原有的传统材料有了进一步完善，随之还涌现了一大批新型材料。无论是最初的自然材料还是今天的高科技材料，设计师均应熟练掌握各种材料的特性、加工工艺以及其与标识载体形象之间的完美配合。从实用功能强、视觉感受优、制作成本佳的目的出发，合理、有效地使用各种不同的材料，为城市公共空间呈现一套实用、美观的环境导视系统。西安砂之船奥莱户外导视系统如图 5-1 所示。

图5-1　西安砂之船奥莱户外导视系统

5.2 环境导视设计的常用材料及加工

环境导视系统的载体可以采用的材料种类很多，随着科学技术的飞速发展，从最早的传统材料到今天的高科技材料，更多的新材料和新工艺被应用于环境导视设计。材料按照发展大致可分为六类，分别是天然材料、加工材料、合成材料、发光材料、智能材料、新型材料。各种材料都有其独特的自然特征、物理属性和化学属性。材料的自然特征能够反应导视系统的美感，而材料的物理属性和化学属性关系着导视系统的安全性和耐久性。设计师应该深入了解各种相关材料的性质、性能、特点及效果等相关要素，进行合理的选用。无论选择哪种材料作为环境导视系统的载体，都要考虑材料的质地、肌理、特性，充分利用材料的特质让环境导视系统达到一定的视觉效果，同时提升整体空间环境的品质感。美国历史悠久的纺织厂校园导视设计如图 5-2 所示。

图5-2　美国历史悠久的纺织厂校园导视设计

5.2.1　天然材料

天然材料是不改变其在自然界中所保持的状态，或只施以低度加工的材料，如木材、石材等。

1. 木材

木材（见图 5-3）泛指用于各类建造的木制材料，在日常生活中，我们常听到关于木材的名词有很多，如原木、实木、人造木等，这些都是木材不同的加工和利用方式。木材按照材质可分为软木材和硬木材。木材还可以通过树种来进行分类。在设计使用中尽量符合设计对象的实际要求，合理利用木材。

木材是人类使用的最古老的一种造型材料。在环境导视设计中，木材也是较早被利用的一种材质。由于木材作为天然资源，在自然界中储蓄量大、分布广泛，并且具有取材方便、加工简单、纹理美观等特点，同时可塑性高、加工方法多，可以通过切割、雕刻、喷砂、热弯等工艺方法制造出形态各异的造型效果，在早期环境导视设计中，木材是常用的天然材料之一。木材基于本身的天然材质，能够给人带来自然、质朴的心理感受，营造绿色、远离喧闹的环境氛围，它更多被用于户外、园林、公园等。运用在户外的木材通常需要做防腐工艺处理，以满足户外导视系统抗腐蚀、耐风雨的使用性能。

随着科技的发展以及人们环保意识的增强，传统的单纯利用实木制作标识的情况越来越少，人造木由于其加工方法多样、造价低廉、质感肌理各异，最重要的是能够在木材资源减少的情况下弥补天然木材资源不足的缺陷，而被广泛运用到环境导视设计中。除此之外，还可以通过使用其他材料模仿木材视觉效果的方法替代原生态木材的使用。这样既达到了木材的视觉效果，又避免了原生态木材不耐用、易变色的不足。

图5-3　木材在环境导视设计中的应用

2. 石材

石材最早是被利用在建筑设计中的一种古老的材料，它和木材一样，都属于天然材料，也是早期环境导视标识载体最常用的材料之一。

石材主要分为天然石材与人造石材两大类。天然石材是人类从天然岩体中开采出来的块状荒料，经锯切、磨光等加工程序制成块状或板状材料。天然石材根据岩石类型、成因及石材硬度的不同，可分为花岗岩、大理石、砂岩、板岩和青石五类。人造石材根据生产材料和制造工艺的不同，可分为聚酯型人造石材、水泥型人造石材、复合型人造石材、烧结型人造石材和微晶玻璃型人造石材等；根据骨料的不同，又可分为人造花岗岩、人造大理石和人造文化石等。人造石材具有天然石材的质感，重量轻、强度高、耐腐蚀、耐污染、施工方便。西藏玛尼堆具有灵气的石堆和日喀则扎什伦布寺标识分别如图 5-4 和图 5-5 所示。

图5-4 西藏玛尼堆具有灵气的石堆

图5-5 日喀则扎什伦布寺标识

石材的相貌本身具有自然、原始、沉稳、厚重等特征，因此往往被用于户外、园林、公园等以自然环境或自然景观为主的公共场所，也可以被制作成兼具导向标识功能的景观雕塑，与周围环境融为一体，起到装饰美化、烘托自然和质朴的环境氛围的作用（见图 5-6）。石材坚硬、稳固，具有吸水性、耐水性、抗冻性、耐热性等物理特征，这也是石材被广泛应用于户外导视系统的另一重要原因。

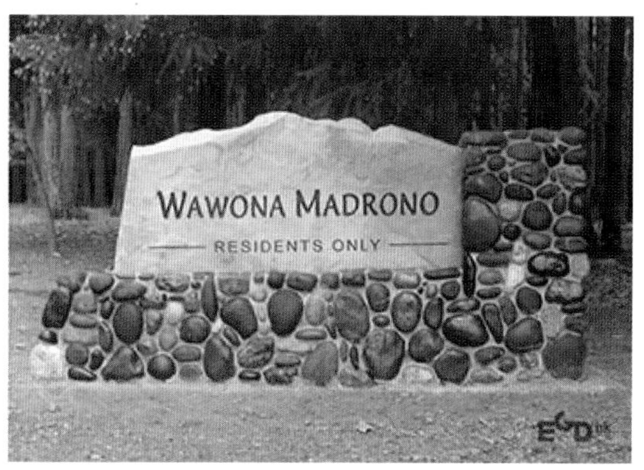

图5-6 石材标识(1)

在环境导视设计材料的使用中，常用的石材有大理石、花岗岩。大理石属于中硬材料，在加工上比花岗岩容易锯切、抛光、雕刻，颜色品种繁多，花纹优美多样，多用于饰面展示。但大理石的主要化学成分为碳酸盐，易被酸腐蚀，而且在空气中易受二氧化碳、水分等的影响，耐水、耐风化与耐磨性都略差，若用于户外，容易被风化和腐蚀，很快表面将会失去光泽、粗糙多孔，装饰效果降低，甚至影响导向标识的使用功能。因此，大理石一般较多用于室内装饰及室内导视标识的载体材料。花岗岩属于硬石材，材质细密，硬度大、强度高，吸水率小，耐酸性、耐磨性及耐久性好，使用寿命为 75~200 年，不易风化变质。花岗岩由多种矿物质组成，色彩多样，经过相应工艺的加工处理，表面可呈现出平滑、镜面、糙面等多种视觉效果，美观耐用，是室外环境导视标识载体的优选石材。但是天然石材的最大缺点就是材料重、脆性大，不易加工，并且天然石材受自然形态的限制，不好进行批量化、标准化的加工，受尺寸限制，也不适合做成大型标识。为了满足视觉效果，人造石可以进行无缝衔接，尺寸不受限制，也可以起到很好的替代作用（见图 5-7 至图 5-12）。

图5-7　关中环线仿石材标识

图5-8　西安曲江书城标识

图5-9　西安芙蓉新天地户外标识

图5-10　石材标识(2)

图5-11　石材标识(3)

图5-12　石材标识(4)

5.2.2　加工材料

加工材料指通过冶炼烧制等方法制成的材料，如金属、陶瓷、玻璃等。

1. 金属

金属材料是指由一种金属元素或多种金属元素构成的装饰材料的总称。它主要有强度高、塑性好、材质均匀、性能稳定、易于加工、视觉效果好等优点，是近年来在环境导视设计中运用得较为普遍的材料。

金属一般被分为黑色金属、有色金属和复合金属三类。黑色金属是指铁和铁合金形成的材料，如碳钢、不锈钢、铸铁、生铁等；有色金属即非铁金属及其合金，有铝合金、铜合金等；复合金属是指金属与非金属复合材料，如铝塑板等。用于环境导视设计中的金属材料主要有钢、铁、铜及其合金，特别是钢和铝合金更以其优良的性能、较为低廉的价格而被广泛使用。斯里兰卡亚拉国家公园标识如图 5-13 所示。

图5-13 斯里兰卡亚拉国家公园标识

1）钢

钢材是由铁和炭精炼而成的合金，与铁相比，钢具有更高的物理性能和机械性能，钢材具有坚硬、较强的抗拉力和延展性等特点，又易于加工，在环境导视系统载体材质的选择上深受设计师的喜爱，主要用于搭建导视系统载体的结构框架。钢材在环境导视系统中使用较多的有不锈钢板、彩色钢板、冷轧钢板等。

为了提高钢材的耐腐蚀性，在炼钢的过程中，加入铬、镍等元素，这种以铬为主要元素的合金钢就称为不锈钢。不锈钢一般呈灰色或银色，具有金属的光泽和质感，给人一种时尚、现代的心理感受，常常用于办公大楼、购物环境、科技展厅等场所（见图5-14和图5-15）。在众多钢材中，不锈钢具有最不易氧化锈蚀的优异性能，可以较长时间保持最初的装饰效果。同时不锈钢的强度高、硬度大，在施工过程中不易变形，因此不锈钢在环境导视设计中常用于大型标识，它可以作为标识载体形态的主材质，也可以作为局部的装饰。不锈钢外观较为冰冷、单一，通常情况下都与其他材质搭配使用。不锈钢的表面经不同处理还可形成不同的光泽度和反射性，如镜面、雾面、拉丝、腐蚀等。缺点是加工成本和维护成本较高。

图5-14 不锈钢标识(1)

图5-15 不锈钢标识(2)

从装饰角度出发，在钢板表面涂饰一层保护性的装饰彩膜，这样的钢板称为彩色钢板。彩色钢板一方面提高了普通钢板的防腐性能，另一方面增加了装饰效果。彩色钢板涂层附着力强，可长期保持鲜艳的色彩，加工性能好，可切割、弯曲、钻孔、卷边等，并且具有耐污染、耐热、耐低温等性能（见图5-16）。

2）铁

铁具有较高的韧性和硬度，主要通过铸造工艺加工成各种装饰构件，常被用于加工各种铁艺护栏、装饰构件、门及家具等（见图5-17至图5-20）。铁是比较活泼的金属，

图5-16　彩色钢板标识

生铁暴露在空气中易生锈，一般都会加入一定量的合金元素获得某些特殊性能的合金铸铁。在环境导视设计中，铁的使用相比钢、铜及铝合金要少一些，主要用于一些需要达到某种特殊视觉效果的环境，比如为营造某破旧、废弃主题环境场所的气氛，就可以利用铁自然腐蚀的特性制作环境导视标识。

图5-17　铁标识(1)

图5-18　铁标识(2)

3）铜

铜是一种既古老又现代的贵金属材料，它是人类发现最早的金属之一。据考古发现，在新石器时代晚期，人类祖先就已经使用过金属铜。铜在自然界中以化合物的状态

图5-19　铁标识(3)

图5-20　铁标识(4)

存在，属于易冶炼的金属，所以古人很早就掌握了铜的冶炼技术，开始使用铜及其合金。纯铜的表面经过氧化会形成一层氧化铜的薄膜，呈现出紫红色，所以纯铜也称为紫铜。纯铜具有良好的导热、导电、耐腐蚀性，而且延展性好，易于加工锻造，但纯铜强度低、材质较软，不能作为结构材料。为改善其力学性能，可以加入其他金属材料，如掺入锌、锡等元素制成铜合金。根据合金的成分，铜合金主要有黄铜、青铜、白铜等。其中，以锌为主要元素的铜合金呈现出金黄色或黄色的色泽，称为黄铜。黄铜不易生锈腐蚀，硬度高、机械强度高，耐磨性、延展性好。加入锡和铅等金属制成的铜合金称为青铜。青铜也具有较高的机械性能和良好的加工性能。铜与镍的合金称为白铜。

在环境导视设计中，铜的使用一方面是因为铜耐大气腐蚀性能好、易于加工又经久耐用，另一方面是因为露置于空气中的铜经过长时间的氧化后会生成翠绿色的铜锈，能让人感受到时间和历史的痕迹，呈现出古朴、庄严、深远的艺术效果。在一些文物古迹、历史建筑、自然景观的环境中，使用铜材质的环境导视标识不但能和周围特有的环境气质相协调，更能够凸显出历史的厚重感，提高整体环境的视觉效果和审美感受（见图 5-21 和图 5-22）。

铜的常用加工方法有蚀刻、雕刻、电镀等。

图5-21　铜标识(1)

图5-22　铜标识(2)

4）铝

铝属于有色金属中的轻金属，银白色，有光泽，重量极轻，具有良好的韧性、延展性、导热性、导电性，虽属较活泼的金属，但在空气中其表面会形成一层致密的氧化膜，使之不能再与氧、水继续作用。纯铝强度较低，为了克服纯铝较软的特性，在铝中加入少量镁、铜、锰、锌等一种或多种元素就可以制成坚韧的铝合金。铝合金既保持了纯铝重量轻的特性，又大大增强了机械性能，提高了其使用价值。铝合金广泛应用于建筑装饰和建筑结构，也被大量用于环境导视设计标识载体的材料选择。

在环境导视设计中，铝合金主要被作为基材使用，常被加工成板材和型材，板材用来制作导视系统平面标识，型材用于制作标识载体的框架结构（见图 5-23）。从外观上看，铝合金具有亚光的金属质感，可以避免像不锈钢板或铜板一样的反光而影响导视标识的辨识度。从材质特性看，铝合金氧化慢，因此不容易锈蚀，维护方便。从使用上看，铝合金材料轻便，导视标识的安装和更换简易、便捷，使用成本低廉。优点是方便切割，可以用焊接、电镀和涂色的工艺形成无接缝的表面，不足之处是焊接工艺的难度限制了铝合金标识牌形态的多样性，因此铝合金材料更适合制作标准化、统一化的环境导视标识。随着表面粉末喷涂技术的引进，铝合金表面可以呈现出任何颜色，也可通过喷漆或阳极电镀之后用于室外，如果处理得当，耐久性可与汽车面漆相媲美，还可经过一些其他的表面处理而产生特殊的肌理效果。

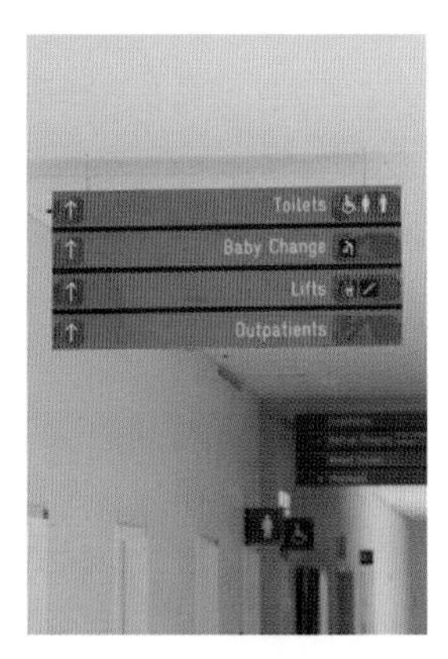

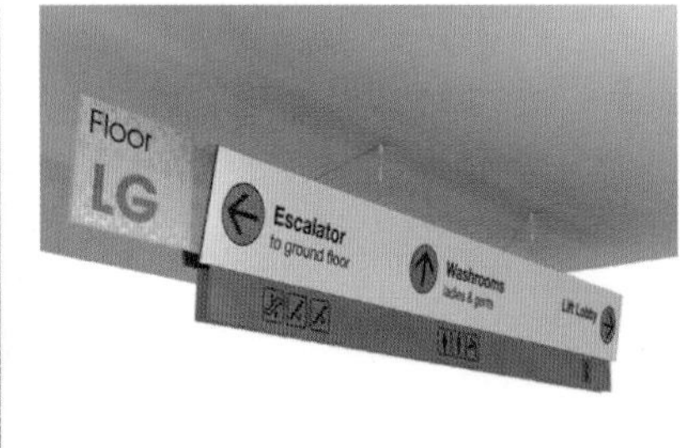

图5-23　铝合金标识

2. 玻璃

玻璃是一种坚硬、质脆的透明或半透明的固体材料，主要成分是二氧化硅。普通玻璃是以石英为主要成分的硅酸盐玻璃。除此之外，还可在生产过程中加入适量的硼、铝、铜、铬等金属氧化物，可制成各种性质不同的特种玻璃，如石英玻璃、微晶玻璃、光敏玻璃、耐热玻璃等。由于玻璃具有一系列的优良特性，如坚硬、透明、耐腐蚀，而且能够使用多种成型和加工方法制造成各种形态的制品，因此在建筑、轻工、化工、医疗、电子等方面都获得了广泛的应用。玻璃已经成为人们现代生活、生产和科学实验活动中不可缺少的重要材料。

玻璃是近些年开始应用于环境导视设计中的一类材质。其光滑、高透明的质感体现出极强的时代气息，常被用于现代建筑环境中作为导视标识的载体（见图5-24）。玻璃在环境导视设计中多以板材形式出现，主要加工类型有普通平板玻璃、磨砂玻璃、彩色玻璃、镭射玻璃、喷砂玻璃、压花玻璃、夹丝玻璃、中空玻璃、热弯玻璃等。根据设计需求和环境条件可对玻璃材料进行相应的加工处理。

由于玻璃最大的缺点是性脆，因此在加工和使用的过程中通常会与金属、木材等材质搭配使用以增强稳定性。造型多以简洁、现代的几何形态为主，在设计上尽量突出玻璃材质本身光泽、折光的美感，引起绚丽夺目的光彩效果。

图5-24　玻璃标识

5.2.3　合成材料

合成材料是通过化学合成方法从石油、天然气和煤等矿物资源中提炼出来的高分子材料，常见的合成材料有塑料、亚克力、玻璃钢等。

1. PC

PC是一种无色透明的无定形热塑性材料，全称为聚碳酸酯材料。PC的特性是硬度高、耐磨，但不容易加工。由于其具有无色透明和优异的抗冲击性，在环境导视标识设计中常用于制作各种透明的指示牌，一般较多作为户外广告灯箱面板的材料。PC的透光性不如亚克力，亚克力透光率达92%，PC透光率为87%。

2. PVC

PVC也是塑料装饰材料的一种，PVC是聚乙烯材料的简称，是由聚乙烯树脂为主要原料经过特殊工艺制成的材料。PVC板是一种非结晶性材料，具有良好的加工性能，耐腐蚀，绝缘性好，制造成本低，并具有质轻、隔热、保温、防潮、阻燃、施工简便等特点。PVC 的缺点是透明度比亚克力和 PC 都差一些。

3. 亚克力

亚克力又叫有机玻璃，是一种重要的可塑性高分子材料。外观优美，色泽晶亮，是当今透光率最好的热塑料之一，能透过紫外线，具有优良的光学性能、良好的耐候性和绝缘性。此外，亚克力还具有较好的化学稳定性，耐腐蚀，机械强度较高，其抗冲击强度比普通玻璃强 10 倍，在环境导视行业中，亚克力作为导视标识的嵌板和面层正在逐步取代普通平板玻璃。除此之外，亚克力易染色、易加工，可以通过丝印、切割、弯曲、浮雕、激光雕刻、真空吸塑成型等工艺制成各式各样的既美观又实用的环境导视标识，造型多样。亚克力的不足之处是硬度较低，容易刮花，长期使用会老化发黄。

亚克力在环境导视设计中可以单独使用，也可以和金属、木材等其他材料搭配使用，一般可用于灯箱面板、采光棚、展板面、水晶字、吸塑灯箱及雕刻等方面。亚克力材质给人的感觉是干净、简洁，与金属材质的搭配又能营造出现代、干练的视觉效果，往往被用于办公场所、行政区域、商场、展览馆等（见图 5-25 至图 5-29）。

图5-25　亚克力导视牌

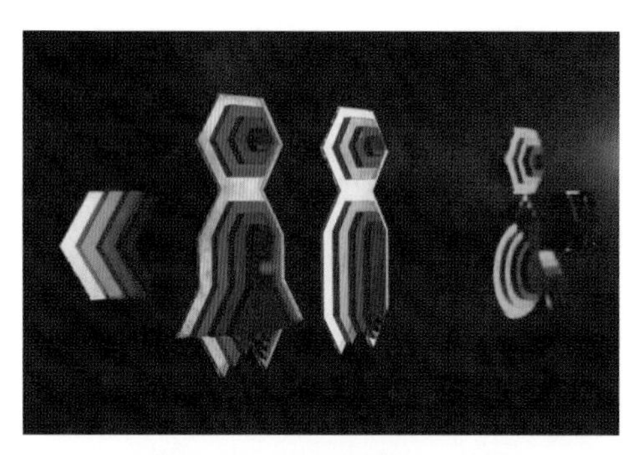

图5-26　亚克力洗手间发光标识

图5-27　亚克力标识(1)

图5-28　亚克力标识(2)

图5-29 亚克力标识(3)

4. 纺织品

通常，纺织品多用于服装设计和软装设计中，但其实很早以前纺织品材料就已应用于环境导视设计中。在我国很早就出现过商家为招揽客人、引导指示方位的酒幌、店幌等标识。现代标识设计中日本设计师原研哉为梅田医院所设计的环境导视系统是非常成功的使用纺织品作为标识材料的成功案例（见图 5-30）。他给每个指示牌套上了一个可换洗的白色棉制外套，让原本有坚硬棱角的指示牌变得柔软可爱。同时，纺织品材料本身有质轻、耐光、不霉蛀、抗张力强等特点，不但使用方便、成本低廉，还使得医院环境气氛更加舒适、亲切。纺织品的分类也有很多，其中无纺布和喷绘布是两种成本低廉、具有印刷适应性的新型纺织品材料，通常这两种材料被应用于一些临时性的展会作为标识材料而大放异彩（见图 5-31 至图 5-34）。

图5-30 日本梅田医院导视标识

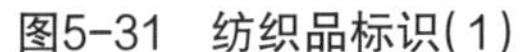

图5-31 纺织品标识(1)

图5-32 纺织品标识(2)

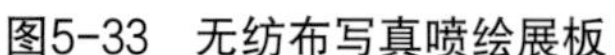
图5-33 无纺布写真喷绘展板

图5-34 纺织品标识(3)

5.2.4 发光材料

1. 霓虹灯

霓虹灯最早是作为城市夜间装饰照明灯光出现的，有鲜艳绚丽的色彩。它是一种特殊的低气压冷阴极辉光放电发光的电光源。霓虹灯管是两端有电极的密封玻璃管，其中填充了一些惰性低气压气体，用几千伏的电压施加在电极上，电离管中的气体使其发光，光的颜色取决于玻璃管中的气体。霓虹灯具有高效、低温、低能耗、耐用等特性，也是早期较为常见并应用广泛的环境导视标识材料。霓虹灯在连续工作不断电的情况下，寿命可达两万到三万小时以上。同时霓虹灯光谱具有很强的穿透力，在雨天和雾天仍然可以保持较好的视觉效果（见图 5-35）。

图5-35 香港街头夜景霓虹灯标识

2. LED

LED 是近些年迅速发展起来的绿色新型照明材料，现已在环境导视标识中运用得非常普遍。与霓虹灯和其他光源相比，LED 具有更高的亮度、更长的寿命，不仅能耗低而且不含任何有害物质，非常易于维护保养。除此之外，LED 还有高效率、安装方便、性能可靠、性价比高等优点，是十分热门的导视标识材料，如今已逐渐取代了传统光源和霓虹灯管。LED 光源明亮柔和、时代感强，白天和夜间效果都非常好，可用于展厅、购物中心、游乐场、露天广场和办公大楼等室内外各领域。由于 LED 发光晶片四周是用环氧树脂密封的，没有硬脆的泡壳，体积小、重量轻，因此 LED 光源更容易进行道路分隔、空间限定，如楼梯踏步的局部指引、紧急出口的指示照明、影剧院的观影厅内地面引导灯或座椅侧面的指示灯，以及购物中心内楼层的引导灯等（见图 5-36 至图 5-41）。

图5-36　北京三里屯夜景

图5-37　西安曲江大唐不夜城LED灯箱标识

图5-38　北京三里屯LED导向标识

图5-39　商场灯箱标识

图5-40　LED发光字

图5-41　商场LED灯箱导视牌

5.2.5 智能材料

智能材料是指随环境的变化具有应变能力的材料。智能材料通常不是一种单一的材料，而是一个材料的系统。在环境导视标识设计中，常见的智能材料有数字多媒体，它是指在人流密集的公共场所，利用数字终端设备，发布公共信息、展示各楼层区域分布、引导客流的全新标识形式。例如在机场、车站、地铁站等客流量大、信息量大、信息更替频繁的场所，LED 显示屏、彩色电子显示屏、交互式查询屏幕等以互动多媒体为信息载体的标识形式已随处可见，此类互动多媒体也可以称为终端式屏幕综合信息指南标识。

数字多媒体标识的应用对公共空间导视信息传递的高效性和针对性起到了不容忽视的作用，通过数字多媒体标识牌，使用者可以随时随地享受其带来的便捷服务。此外，数字多媒体标识系统还可以发布商品信息、购物指南，针对目标人群投放广告，甚至可以在紧急时刻发布疏散信息等。数字多媒体标识的出现，革新了传统的信息接收方式，让使用者进行个性化信息定制查询成为可能。不仅可以提高公共场所的管理水平和服务水平，还可以提升公共空间的品牌形象以及时代感（见图 5-42 至图 5-44）。

图5-42　熙地港智能导视系统

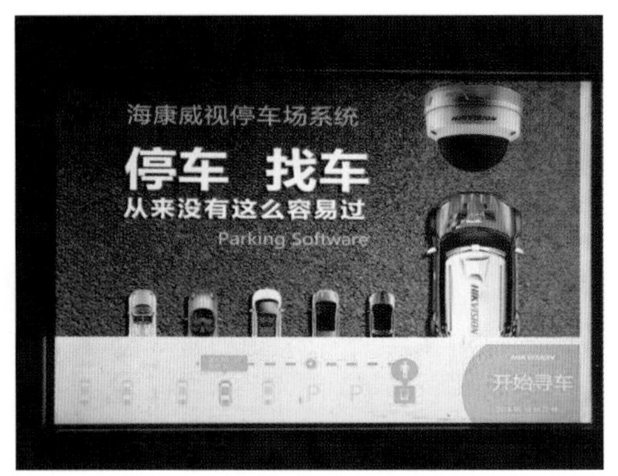

图5-43　车辆位置查询系统

图5-44　多媒体导视系统

数字多媒体标识的应用范围也非常广泛，如银行、商场、机场、车站、医院等。机场及候车大厅是最早使用数字多媒体标识的场所，醒目的液晶显示屏滚动发布班次内容、温馨提示、重要新闻、天气预报、正点晚点等信息，既能够为乘客提供有价值的资讯，又能够提升机场、车站的信息化水平，增加互动，是展现城市发展水平的重要窗口（见图 5-45 和图 5-46）。现还有很多政府机构在接待部门也设立了互动多媒体标识系统，办事群众可以通过数字标识系统进行信息互动，及时了解办事流程，缩短等待时间，节约办事的时间成本。工作人员也可以节省大量的接待问询时间，大大提高了工作

图5-45　杭州萧山机场LED显示屏

图5-46　机场航班信息滚动屏幕

和办事效率。

5.2.6 新型材料

随着环境导视系统在国内外的发展，许多新型材料不断涌现，其中包括其他领域的材料也被重新运用到环境导视系统中实现新的功能和价值。例如，在纺织领域中将织物类的材料经过再加工作为导视标识材料，像防水无纺布、高光防水无纺布、闪光布、油画布等，此类材料多用于临时展览、精品展示、海报、简介等。

除此之外，新型材料里还有一类发光材料目前已被广泛应用于环境导视设计领域。导视标识发光材料主要有光致发光材料、反光材料和荧光材料。

1. 光致发光材料

光致发光材料又称超余辉蓄光材料，是一种经紫外线光、太阳光或普通灯光照射后，在黑暗的环境中无须任何电源就能自行发光的材料，也是一种绝好的绿色光源，具有良好的光、热、化学稳定性，在生产及使用过程中不含有害物质。光致发光材料用途广泛，可利用其制成道路标识、警示标识、紧急出口标识、消防安全标识等。例如在发生突发事故时，电源往往被切断，使得所有依靠电源发光的指示信息全部失去功能，而这时光致发光材料安全标识就可发挥巨大的作用，引导人们离开。

2. 反光材料

反光材料也称逆反射材料，是指材料受到灯光照射时，其中的玻璃微珠会向光射来的方向反射光，而反光材料本身并不会发光。依据光的逆反射原理，即从发光的方向能看到反射光，而从其他角度看不到光。反光膜是一种已制成薄膜可直接应用的反光材料，也是应用最为广泛的一种反光材料。反光膜的首要作用，就是改善交通标识的表面性能，使之能适应全天候状态的交通需要，提高道路安全运行条件（见图 5-47 和图 5-48）。1937 年，世界上第一块反光膜在美国 3M 公司实验室诞生。1939 年，美国国家标准交通标志《统一交通控制设施手册》正式规定，要使用反光膜制造交通标识，这是交通标识大规模应用反光膜历史的起点。反光膜根据反光结构可分为玻璃微珠型反光膜和棱镜型反光膜两类。全棱镜反光膜是目前所有反光膜中反射效率最好的，理论反光率可达 100%，实际制作中由于材料的限制，最高可达 58%，而玻璃微珠型反光膜最高可达 23%。全棱镜反光膜是一种适用于所有等级公路和城市道路的交通标识材料，能一定程度上减少标识照明的投资和消耗，是一种从技术发展的角度思考更节约的选择。

图5-47 高速公路反光标识

图5-48 城市道路反光标识

3. 荧光材料

荧光材料指的是经紫外灯照射，吸收一定波长的光，又立即向外发出不同波长的光的材料。荧光材料只有当紫外线照射时才会发光，当入射光消失时，荧光材料就会立刻停止发光。

图5-49　荧光材料标识

确切地讲，荧光是指在外界光照下，人眼见到的一些颜色相当亮的色光，如绿色、橘黄色、黄色，人们也常称它们为荧光色。荧光材料不同于反光材料的是：反光材料可以将照在其表面上的光迅速地反射回来，反光材料本身不发光，只能从发光的方向看到反射光；而荧光材料是材料本身向外发光，不是反射光，因此在任意角度都能够看到光。荧光材料标识如图 5-49 所示。

5.3 标识材料的选用

设计师应该熟悉各类标识材料，掌握各种材料的特点、适用条件、视觉效果和相应的施工工艺要求。我们的时代是物质极为丰富的时代，科学技术的进步为设计师提供了以往难以比拟的众多环境导示标识材料，而且还将不断的日新月异；同时，由于新材料的出现，施工技术和工艺也逐渐变得更为简便、高效、安全和可靠。设计师应该紧跟时代的步伐，关注材料行业的发展，关注适用于导视标识系统节能、环保的产品，关注其他领域材料的应用，敏锐地发现适合导视标识的新材料；及时了解和掌握最新的材料信息，学习最新的施工技术和工艺要求，丰富设计语汇；在设计实践中，不断探索新材料，将更有科技性的智能材料应用于导视标识系统中，同时继续通过新的工艺技术挖掘传统材料的持续表现力，为环境导视系统设计的发展做好坚实的材料知识储备。

5.3.1　材料选择对设计的重要性

一切有形态的事物都需要以材料作为基础，没有材料的支撑，实体形态就无法构成。如导视标识需要依附于立体的载体才能在环境中实现其自身的功能，导视标识的完成离不开形式、材料、技术三个方面的共同配合（见图 5-50 和图 5-51）。再好的设计概念都必须运用具体的材料和科学合理的施工技术、加工工艺来制造。材料选择和加工对于设计的重要性表现为：

（1）设计理念必须通过物化的材料和科学合理的加工、制作、安装技术手段来实现，材料是导视标识设计的物质基础，工艺技术是确保导视系统能够顺利安装使用的保障。

（2）导视标识的造型、颜色、发光或反光、质感等视觉要素和使用感受需通过具体的材料才能表现，不同的材料和制造方式所展现的最终效果可能相差甚远。

（3）一切设计的目的皆是为人服务，评价设计成功与否的标准首先应是好用、耐用，其次才是追求视觉感官上的舒适，而环境导视系统恰恰是通过视觉传达来发挥它的功能和意义的，因此在材料的选择上应尽可能地做到耐用、耐看。同时，受经济因素的影响，材料的性能、价格、加工方法、施工难易程度等对设计来说也是不可忽略的因素。

（4）导视标识的材料成本和制作安装费用一般占工程总投资的 60%~70%，将在很大程度上影响环境导视设计工程项目的造价，应慎重选材。

图5-50 简洁明快的透明导视牌

图5-51 制作方便、造价低廉的简易标识

5.3.2 标识材料选用原则

1. 视觉表现性原则

环境导视设计的最终目的是通过视觉传递信息，所以在材料的选择上首先要考虑视觉效果及表现理念。导视标识的视触觉效果是通过材料的颜色、形状、肌理、质地、结构等多方面表现的，不同材料的属性特点对环境导视系统的风格定位和实用价值有着重要的意义（见图 5-52）。

图5-52 北京798艺术区

续图5-52

2. 适用性原则

材料的基本性质决定了它的适用场合。

首先，应是地理环境与气候环境的适用。例如，我国南北自然气候条件差异巨大，北方天气干燥，南方湿润多雨，因此不同地区的导视标识材料就要与其所处位置的地理环境、气候环境相适应。不同的气候特点，湿度、温差、气压等都是影响标识能否正常使用的因素，在设计时是要慎重考虑的。如在干燥的北方，室外就可以多使用金属以及木材等天然材料，而南方多雨，则需要考虑材料的防潮防锈以及耐高温的特性，可以多用 PVC、亚克力等合成材料。

其次，标识材料应与使用场地的空间环境相适用。导视标识的使用场地根据建筑环境分为室内和户外两种，由于在户外使用时要经受阳光照射和风吹雨淋，因此在设计时也要根据适用条件选材。除此之外还应进一步明确导视标识所处的空间结构与空间位置、使用目的、适用范围等要求，从而更准确地把握导视标识的功能性以及传递信息的敏锐度、准确度和人性化。例如，在整洁明亮的办公大楼中，标识材料可以选择一些质感较好的材料，也可搭配适当的光源或声音媒体等智能材料。在酒店、宾馆、休闲场所，导视标识可使用亚克力、木材、铜金属等能体现出尊贵、典雅质感的材料。在一些临时展会或遇超市促销，这些场合多以临时标识为主，材料选择相对要轻巧实用、成本低廉。而科技展厅、购物中心等环境内部装修通常比较现代，标识材料的选择应当符合空间层次的需求，多选用高品质材料。除上述外，特殊环境还需要特殊考虑，如某些博物馆还需考虑光照、湿度、温度等条件对展品造成的影响，这些场所的标识材料选用也要特殊对待。

最后，标识材料还应满足施工结构的合理性。在考虑满足了视觉效果和环境适用性后，施工结构合理就显得尤为重要。有些材料视觉效果很好，环境适用，但却很难加工实施，结构相当复杂，材料性能比较模糊，这类材料不建议使用。在不能确定其结构是否合理，是否能承受外界压力的情况下坚决不能使用，以免留下安全隐患和后续维修的麻烦。导视标识往往由几种材料构成，还要考虑每种材料在温度、湿度变化情况下的伸缩率。如果伸缩率相近或相同，标识就较为坚固；反之就容易变形，极易损坏。

3. 耐候性原则

材料的环境耐候性是指材料能适应环境条件，经得起自然因素的变化和周围介质的破坏作用，即不因为外界因素的影响或改变而发生变化，以致引起材料内部构造的改变而出现褪色、分化、腐朽甚至破坏。公共环境中，各类导视标识所处的环境各有不同，有室内或室外，有寒冷或炎热，有日晒或雨淋……这些环境因素都会对导视标识的功能和寿命产生直接影响。西安宜家家居简洁明快的导视标识如图 5-53 所示。

图5-53 西安宜家家居简洁明快的导视标识

多数城市环境导视系统处于相对开放的公共环境中，受人为和自然因素的影响较大，尤其是固定地安置在户外恶劣环境中的标识，要经受风吹、日晒、雨淋，因此应当主要考虑材质的防水性能、耐酸碱侵蚀性能、抗腐蚀性能，还需经受冬夏、昼夜温差的变化，并能抵抗紫外线（见图 5-54）。这对导视标识材料的面板、涂层和结构设计都是一个严峻的考验。如户外广告灯箱，一般都是常年露天悬挂或摆放，而且其产品本身发热量很大，这就要求在选材过程中首先要考虑材料本身能否经受得起环境变化的考验，但木材易腐朽，金属易锈蚀，而合成类材料如塑料、PVC 等由于易加工、透光性好、环境耐候性好就成了此类产品的首选。环境耐候性好的材料还有不锈钢、镀锌钢材、镍合金等，图文面饰涂层耐候性好的有氟碳涂料、聚丙烯酸类防紫外线涂料、聚氯乙烯各色防晒胶膜、烤漆、喷塑等（见图 5-55）。

图5-54 西安曲江书城

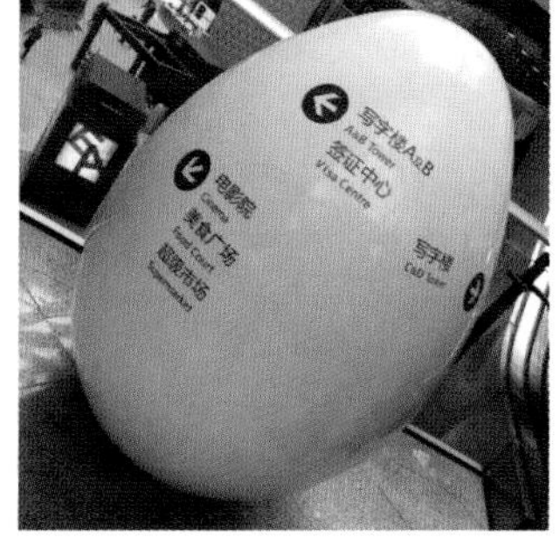

图5-55 环境耐候性材料标识

4. 安全性原则

标识的选择还需考虑安全性问题。材质安全问题在各个领域都是人们关注的重点。作为公共环境中关系到大众安危的公共服务设施，环境导视系统对于材料的安全性要求不仅存在于材质本身，还存在于使用场所以及使用人群两方面的因素（见图 5-56 和图 5-57）。

首先，注重材质自身结构的安全性是指公共环境导视标识要根据设计目的、标识结构进行材料选择，有些材料视觉效果很好但是不符合设计理念或者结构不易实现，这样的材料就不可选。再比如材料的性质，包括溶沸点、燃爆性能、毒性以及某些发光材料的放射性等会使材料本身存在一定的安全隐患的材料不可选。标识材料的安全性要求材质本身对人体无害、无毒、无辐射，符合相关国家质量标准。

其次，注重使用场所及使用人群的安全性。现在人们越来越注重事物的专业性、针对性，一个优质的环境导视系统不仅要在设计图形符号方面考虑使用者的年龄、性别、职务等要素，在选材时同样需要考虑标识使用者的各种要素。当今社会，儿童身心健康愈来愈受到重视，各类大型公共环境都或多或少地存在各种安全隐患，这些不利因素随时都有可能危及儿童，我们应当尽可能多的通过各种方法来降低它的发生率。例如，像幼儿园等儿童较多的地方，就应当避免使用尖锐突起或易碎、易刮花的材料，以免带来意外的人身伤害。在这种情况下，塑料或是温和的木材相对较为合适。

图5-56　街头标识

图5-57　室内铁艺标识

5. 环保性原则

环保是指对自然环境无污染、无破坏，环保材料是现代公共环境标识设计发展的必然趋势。材料要对人体无害、无毒、无辐射，可回收利用，还要防尘、防菌、耐热、阻燃等。其质量要有严格的要求，一般要遵循 ISO9001—2000 质量体系要求，并且符合 GB/T 17748—1999 标准。

2010 年世博会标识导视系统充分体现了环保理念。标识表面涂饰材料符合 ISO14001，即国际环境管理体系标准，该系列标准已被广泛认可，并成为世界各国共同的环保准则。它包括四个方面：原料来源必须是环保的，必须不破坏环境，资源可以再生；生产过程必须是环保的，必须不造成环境污染、破坏；产品必须是环保的，必须健康、安全，不造成对人体的伤害；产品的使用也是环保的，废弃物不会对环境造成污染和破坏。遵循以上标准，上海世博会标识部件选择了模块化设计，拆卸、安装十分灵活，不仅适合快速安装和成品保护的需要，还具有临时性和永久性相互转换的设计意图，世博会结束后可以移位安装再利用。

6. 经济性原则

经济因素是选择材料的另一重要原则。任何一个环境导视设计项目都有一定的投资预算，而导视标识材料的费用在其中占到大部分。因此，设计师应结合设计效果和经济因素综合考虑，尽可能不要超出投资预算。经济因素包括材料的造价、施工的难易程度、材料的使用寿命、材料的后期维护费用等。经济因素对材料的选择有着决定性影响，在设计中要尽量使用造价较低，同时又能满足功能、结构等设计要求的材料（见图5-58和图5-59）。

图5-58　西安砂之船户外写真喷绘广告牌

图5-59　北京首都国际机场导视系统

5.4 环境导视标识的制作工艺

选择材料是制作导视标识的物质条件，加工工艺是导视标识形成的技术条件。工艺是指材料的成型手段，是人们认识、利用和改造材料，并实现标识制造的技术方法。通过准确、合理的工艺过程，让材料成为具有一定造型、结构、尺度和表面特征的导视标识，从而具有公共信息导向功能和一定的审美功能。工艺的发展日新月异，材料不同，施工工艺也会随之变化。环境导视设计师要及时了解工艺，掌握各种技术手段，才能抓住时代的脉搏，才能在选择和使用材料上定位准确，实现导视标识创意设计的最佳效果。

5.4.1 切割

导视标识常见的切割工艺有水力切割、气燃体切割、旋转刀具切割、激光切割等。水力切割是将一个高压水柱，加上一种研磨材料，切割石材或金属；气燃体切割属于热切割，是利用燃气火焰将被切割的金属预热到能够剧烈燃烧的燃点，再释放出高压氧气流，使金属剧烈氧化并将燃烧产生的熔渣吹掉形成切口的过程；旋转刀具切割能塑造复杂表面和边缘细节，通常可用于金属、木材和石材。这些属于传统板材切割方式。激光切割是将一个大功率激光瞄准材料或者通过汽化切割材料，切割边缘较精细；与传统板材切割相比，激光切割有切割速度快、生产效率高、切割质量好、切缝窄、材料适应性好等明显的优势。

5.4.2 塑形

常见塑形工艺有浇铸、熔化等。浇铸是将金属或塑料熔化成为液态状，采用范模浇铸而制成器物的方法，是一种批量化、标准化生产材料的方法；熔化是将材料注入一个模具里，通常这个模具由橡胶、金属或沙子制成，一旦浇注冷却，就可以从模具拿开，手工完成。

5.4.3 雕刻

雕刻是创建导视标识图形的基本方法。常见的雕刻工艺有蚀刻法、手工雕刻、电脑雕刻等。蚀刻法是进入一种材料表面，在保持原有的背景加工特点同时，产生一个凹陷的平面。反向蚀刻通过去掉各层图形的背景，产生若干凸起的图形。蚀刻法分为喷沙法和酸蚀法，喷沙法是一种典型的磨蚀法，而酸蚀法属于化学蚀刻法。适合用于喷沙工艺的材料有玻璃、木材、泡沫、石材和部分塑料材料，适用于化学蚀刻的材料有不锈钢、铜、玻璃、感光性树脂等材料。

5.4.4 印刷

印刷是在基础板材上创建导视标识文字、图形的另一常见方法。典型的印刷有丝网印刷、乙烯基贴花、数码打印等。丝网印刷是使用刮刀，按压彩色墨水通过一个模板蜡纸，在织物或标识面板上印出图片；乙烯基贴花是一个打印机把文本和图像从乙烯基胶中切割出来，然后把乙烯压到一块基板的位置上，色彩繁多，有不透明、半透明、透明和金属的；新的平板数码打印可以直接在刚性材料上面打印东西。

思考与设计

1. 简述环境导视设计中材料运用的原则。
2. 环境导视标识的材料与环境之间的关系是什么？
3. 环境导视标识加工有几种常用的工艺形式？在具体设计中应考虑哪些因素？

第 6 章

环境导视的步骤内容

6.1 前期准备

环境导视系统设计是一项严谨的设计工作，包括前期规划、深化设计、施工管理和后期评估等烦琐的步骤，每一步都是对前一步工作的总结和对下一步工作的发展的联系。这些步骤对环境导视系统的完成都起着至关重要的作用。在环境导视设计的前期准备中我们需要做如下工作。

6.1.1 接洽沟通

甲乙双方进行沟通交流，确立一个互信合作的平台增进相互间的了解，以此确定初步合作意向。确定合作意向的过程包括提交项目建议书明确设计责任、设计和安装预算及设计进度计划安排等。双方的合作意向达成后，甲乙双方签订委托设计合同书，甲方向乙方支付设计预付款，确定项目双方的负责人。

6.1.2 实地调研

就目标环境的相关信息进行收集整理，分析客户自身的文化理念。以客户精神背景要求为基点进行现场环境的实地考察。整理收集相关的信息是为之后的设计策略和设计执行提供科学的支撑依据。

实地调研要对目标环境进行大、小范围的调研：

（1）大范围是指以目标环境的文化背景及景观广泛的环境条件和结构为目标去提取地域特点。目标环境产业布局分析，包括环境中包含的产业结构类型、大小和数量等分布特点；目标环境文化历史文化，包括地域历史文化背景、历史建筑；目标环境活动空间分析，包括周边建筑范围、公共活动范围等。

（2）小范围是指对目标环境进行深入了解，对人流、道路以及交通流线等构成特点进行分析。

目标环境人口情况分析，包括主要人流结构、活动人群和人群知识结构等；目标环境道路层级分析，包括主干道、次干道、人行天桥和地下通道等道路结构及此类道路的连接关系；目标环境现有标识分析，包括现有标识的可识别性、损坏程度和分布情况。

6.2 空间构架的分析

6.2.1 以环境为基础的构建

在导视系统设计项目中，环境是空间构建的基础属性。由于导视系统是需要存在于客观的环境空间去发挥其作用的，使人们能快速通过对该环境空间中相关的信息指示去指导活动，因此环境属性分析是实现导向功能的保障。环境可分为空间、自然、人工三个部分去综合分析，而根据不同的项目，这三个部分也会由于不同的环境影响相对发生变化，但这三个部分在整个环境导视系统设计项目中是必不可少的，都是为导视在环境中实现功能提供保障。

空间属性分析主要是对环境区域中的道路分支、规划布局和区域之间的连接部分等进行详尽的分析。这能为导视设计中的信息整理分布、布点设施设置和功能分区提供重要的依据。

自然属性分析主要是对环境区域中的水文、气候、地质、植被和动物等条件情况进行详尽的分析。根据自然属性分析，我们首先可以就自然条件为导视选取适当的设施材料、加工工艺和安装方式等。再者，材料、色彩和设计的选择可以借鉴自然环境形态，使导视更好地融入环境。

人工属性分析主要是对环境区域中的建筑构造、景观雕塑和照明等人工设施进行详尽的分析。对建筑外观构造的了解是进行建筑内部导视系统设计规划的前提，建筑空间周边的景观、建筑和照明人工设施的分析是为了更好地解决导视设施和人工设施的关系，可使导视设施依附于已有的人工设施，以此减少不必要的冲突和浪费。

6.2.2 以人群为基础的构建

导视设计系统是服务于人群的，它直接作用于人群，因此利用人群的信息分析在导视设计系统中是不可缺少的。人们的生活方式、生活节奏和文化程度等都会影响导视系统的设计方式和空间构造方式。使用人群分析应包括人群结构分析和人群运动分析。某个时间点和地点的人流量、某些环境中聚集的人群特点和特殊群体活动范围、某些场合多发和偶发的活动人群等对导视系统设计的要求都是不同的，因此人群因素必须纳入空间架构中的导视设计中去。

人群结构分析包括人群的性别和年龄比例、身高、身体状况、年龄层、社会阶层、文化程度、风俗习惯、人文特点、工作状况等方面，此类分析越详尽，对导视系统设计的细节就越容易实施。如对身高和身体状况的分析就可以帮助我们在导视牌的高度和文字大小的位置上提供更加舒适和方便的阅读设计要求。

人群运动分析包括空间环境中人群运动的范围、路线、时间、速度和交通工具以及人群运动中所带来的人流量、聚集特征、使用需求、心理变化和安全保障等。通过人群运动特点和空间环境的结合寻找运动路线的运动节点、障碍点和需求点，并以此类关键节点为导视设计的重点位置进行着重设计。

6.2.3 以文化为基础的构建

一个理想的导视系统设计在满足它指路的功能之外，还应该在一定程度上寻求环境平衡的作用，能够传达区域的文化氛围和人文气息也是现代化导视设计中应用的诉求。从区域环境文化中寻找设计的人文活力运用到导视设计中是通过视觉和造型等形式对该区域在沟通管理和交流层面的姿态进行再现的一种方式。

从文化因素切入的导视设计实施，应该包括设计项目本身的文化属性、区域环境内的建筑装饰以及景观雕塑等人文元素，这样能使导视系统更具人文活力。

导视项目的设计可以通过其文化内涵的分析来实施项目品牌战略，提高环境的文化融合功能，强化区域的整体性，增加环境的统一凝聚力，因此构建能传递该区域人文气氛的导视系统设计是有效增强视觉信息传播强度的环境整合方式。

6.3 场地分析

6.3.1 为规划提供范围界定

在做一个项目的之前，首先要通过图纸和现场踏察核对来明确规划范围界线，只有这样才能为以后的设计提供准确性。如果连规划的范围都没有明确就放手大干，即使再好的设计恐怕也要重新来过。

6.3.2 为立意提供主题线索

充分挖掘当地文化，分析场地中以实体形式存在的历史文化资源如文物古迹、诗联匾额、壁画雕刻等，以及以虚体形式伴随着场地所在区域的历史故事、名人事迹、民俗风情等，都可为设计提供主题线索。如果能够充分的挖掘出场地中的文化因素，那么关于主题的准确定位就不再是设计者的棘手问题了。

6.3.3 为功能确定提供依据

场地分析可分为两个层次，一是场地内部与场地外部的关系，二是场地内部各要素的分析。场地分析通常从对项目场地在城市地区图上的定位，以及对周边地区、邻近地区规划因素的调查开始，可获得一些有用的资源。

6.4 导视图形、符号、字体、色彩设计的定位

导视系统设计是整合所存在的空间信息，帮助人认知、理解、使用空间，以及与空间建立更加丰富、深层的关系的一种媒介。这种介质通过传递方向、位置、安全等信息，从而帮助人们快捷、迅速地到达目的地。根据空间的不同属性，空间信息的各种传

达手段——图形、符号、字体、色彩都会被特别进行规划和组合，从而形成适合具体空间的信息体系。导视系统设计的实质是基于人的空间认知方式，整合和组织空间相关信息，从而帮助人们快速地找到并到达目的地的信息设计。澳大利亚布鲁克菲尔德多路停车场导视系统设计如图 6-1 所示。

图6-1　澳大利亚布鲁克菲尔德多路停车场导视系统设计

6.4.1　图形符号

符号元素是以图形为主要特征，用以传递某种信息的视觉符号，它可以指导人们的行动，提醒人们注意或给以警告等。符号具有直观、易懂、易记的特征，便于信息的传递，使不同人群都容易接受和使用。符号的运用，影响着导视系统设计的视觉导向，也正是由于它的存在，图形符号设计的信息传达才更加科学准确，表现手法才更加丰富多彩（见图 6-2）。因此，导视系统设计关系到视觉传达和环境设计两个领域，概念彼此有交叉，又相互独立。

图6-2　导视系统中的图形符号

6.4.2　字体

导视系统中的字体设计必须具备易于识别、醒目的条件。一般导视系统中字体的选择会根据标识设计的表现形式来选择合适的字体。根据地域特色决定中英文字体的使用，在国内一般都是用中英文或者中文，中英文兼顾更强调字体的搭配，而中文字体一般有黑体、宋体、楷体等。在国外导视系统设计中，字体全部会使用英文字体设计。不同的地域特色，导视系统字体选择会存在很大的差异。无论是中文字体还是英文字体的选用，都要遵循环境的特点以及设计定位来达到理想的效果。文字作为导视系统的形象要素，需要满足人们的审美需求，不仅仅体现在局部，更是对局部以及整个设计的把握。导视系统文字的主要功能是在视觉传达中向消费大众传达信息，而要达到此目的，必须考虑文字的整体诉求效果，给人以清晰的视觉印象。

6.4.3　色彩

合理的色彩是塑造形象统一的导视系统的有力元素，导视系统色彩的设计要根据均衡、和谐、个性的原则传递信息。在色彩运用中，应符合大众的审美心理和需求，作为导视系统设计色彩应具有鲜明的视觉特征和易于识别的个性，同时需与周围的环境相吻合，才能达到色彩特殊形式的表现。巴克夏博物馆导视系统设计（见图 6-3），采用趣味性的表现形式，在图形上注重形态的塑造和个性化的展现，以凸显个性的色彩展现文化。导视系统在用色中，须遵循以下设计的原则。

图6-3　巴克夏博物馆导视系统设计

图6-4　美国佛罗里达州迪士尼乐园导视系统

1. 规范化

导视系统的色彩应由统一的规范色构成，使各标识之间具有相同或相近的视觉效果，便于提供清晰、明确的指示。美国佛罗里达州迪士尼乐园导视系统（见图 6-4）的色彩设计为设计者们提供了体现规范化原则的成功范例。凭着规范的色彩和造型，人们都能识别导视系统上的“语言”，准确无误地找到目的地。

2. 简洁化

导视系统色彩设计应该遵循简洁的原则，注重图形和底色的转化。如在办公导视系统设计中，各楼层设有分布标识和导视系统设计，均采用蓝色为底色，白色字符。在不同的机构设置中，可以采用图和底相反的色彩搭配进行处理，这样不仅增添了色彩，而且能凸显导视系统设计的特色。

3. 个性化

导视系统的色彩在考虑共通性的基础上，还应具有一定的个性，使色彩先于图形、文字等要素而直接传达出内容。个性化的专有色彩，有助于形成色彩的可识别性，促成视觉记忆，使标识易读、易记。作为导视系统设计，可以采用富有个性化的造型来进行导视系统设计，并运用鲜明对比的色彩来体现品牌的大胆创意（见图 6-5）。

图6-5　导视系统的个性化色彩

6.5 导视系统地图设计

地图是一般环境都会使用的一种信息传达媒介。在漫长的历史过程中，人们一直都会使用地图去记录一些抽象或者复杂的地理位置，以清晰的逻辑梳理出复杂的概念关系，并对空间进行整体的理解与把握。大部分地图都是用于描述空间的，通过呈现绝对或相对位置、地理位置、空间的比例尺度等，提炼出客观环境的物理属性或人们的主观理解（见图 6-6 和图 6-7）。一个地方的位置，常常以地标、区域或其他相关参照系来作为定义。

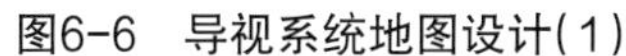

图6-6　导视系统地图设计(1)

图6-7　导视系统地图设计(2)

在进行项目的地图设计时应从建立自己的空间意识和表达方式开始。多数人并不使用指南针、经纬仪等专业仪器，而是依靠感觉、视力、听力、触感或者感觉运动经验。人们依靠的是代表性参照物来表述位置，比如“公园旁边”这种模糊界定位置的方式。依靠感觉辨认的方向位置常常会不准确，当然语言表达空间信息的能力也是有限的，这就要求在导视系统中的地图设计来准确、有效地完成这一任务。

6.6 停车指引系统设计

停车指引系统（parking guidance system，PGS）就是为解决城市公共空间停车信息缺乏、停车设施利用率不高、停车无序和缓解交通而产生的，是智能交通系统的重要组成部分。导视标识系统就如同空间的说明书，可以为人们解决寻路的问题。良好的导视系统能帮助人们确定方位，自主、快速地到达目的地。在相对封闭以及复杂的停车空间，导视标识系统的作用和意义就更为重要。维也纳商务园停车场导视系统设计如图 6-8 所示。

图6-8　维也纳商务园停车场导视系统设计

6.6.1　出入口导视系统

进入商场口有停车场立牌，主要功能为指示入口方向，重点在于立牌形象与样式的设计。离入口小段距离有立牌，功能性需求强，主要有方向指引、限速、限高，可能附加小 LED 显示屏；入口上方有限高牌；标识需要高度清晰、认识度高，无须过多花俏；下坡道的右边墙面需要反光的箭头指示或者字体（见图 6–9 和图 6–10）。

6.6.2　内部指引系统

停车场内部吊牌需求量大、密度高，主要根据停车场的整体设计，只要有转弯的地方，必有方向导视牌，根据自己的观察与想法，现在多使用 LED 显示屏连接各个车位上方的感应器，清楚指明方向的同时，也方便寻找车位。吊牌高度与大小需要重视，要给人舒适感，适合行人与车辆的视觉高度。吊牌均为双面，正面为方向指引，反面主要

图6-9　出入口导视系统(1)

图6-10　出入口导视系统(2)

是禁止车辆通行的标识。内部的行人指引导视，主要使用贴在柱子或墙上的贴纸。负一楼至负二楼的弯道墙面需要贴纸指引。总之，地下停车场对导视牌的功能需求很大，对其的设计需要简单易懂。迪拜购物中心停车场如图 6-11 所示。

图6-11　迪拜购物中心停车场

良好的导视系统就像一个城市的窗口和符号，让人直观地了解城市的文化特征和内涵。科学的标识系统可增加群众的安全感。完善的停车指引系统有助于树立良好的城市形象，人性化的标识系统则能体现城市的亲和力和社会秩序，让更多来自其他国家和城市的人们都可以有序地、快速地参与到城市活动中。

AZSt.Lucas 医院停车场导视系统设计（见图 6-12），借由建筑外表皮白色和菱形孔洞的灵感，设计师创造了一套符合建筑美学且又清晰简洁的导视系统。所有的标识都以白色为基调色，明晰地对建筑内的流量进行指导。楼层的示意数字放在跨越天花、地板还有墙面的菱形白色图案中，数字部分露出坚硬的混凝土墙面。地面上的青绿色线条带领参观者走向升降梯和楼梯。各种标识以简练的线条进行阐释，一目了然、别具匠心。

图6-12　AZSt.Lucas医院停车场导视系统设计

6.7 导视系统立面、制作、材料分析

一个完整的导视系统设计主要包括三个主要的构成要素，分别是系统设计、材料选用及制作与安装。

系统设计是指根据不同导视系统设计项目的特点完成需求。设计一个导视系统，在考虑环境、设计要求、受众类型的同时，也要注重后期材料、制作和安装，将他们统一起来，使导视系统作为一个整体发挥其作用。

系统设计与材料选用是一个有机的整体，作为设计师，对材料的了解与掌握是必须具备的素质之一。材料的视觉功能、触觉功能是艺术表达中极为重要的组成部分，并涉及材料的选择、材料的属性、材料的美学和材料与环保意识诸多方面的问题。这里把导视系统设计中材料大致分为天然材料、加工材料、合成材料、发光材料、智能材料、新型材料六大类。

制作与安装是导视系统设计的呈现过程，形式上主要有切割和造型。

6.7.1　切割

制作导视标识必须切割，制作面板、自定义形状、立体字母、自定义安装部件一般都是从切割开始的。主要的方法有激光切割、水力切割、旋转刀具切割等。

6.7.2 造型

造型的方法有浇铸、熔化等。浇铸是一种大规模生产固体金属或塑料字母的方法；熔化是将材料注入一个模子里，通常这个模子由橡胶、金属或沙子制成，一旦浇注冷却，就可以从模具拿开，手工完成。创建图形的方法主要有蚀刻和印刷。蚀刻是一种创建图形和信息的常见方式，主要方法有酸性蚀刻、光蚀刻、雕刻。它是指进入一种材料表面，在保持原有的背景加工特点的同时，产生一个凹陷的平面。反向蚀刻通过去掉各层图形的背景，产生若干凸起的图形。印刷适用于基础板材上面的文字图片、图形，典型方法有丝网印刷、乙烯基贴花和数码打印。

6.7.3 安装

安装又包括基座安装和附属装置。外部的标牌需要安全的地面依附物的支撑，一个独立的标识有一个具体的基座固定。基座使标识能够抵抗其扭转或失效的外力保持稳定。典型方法有直接嵌入到基座、断裂基座等。附属装置是用来把标识粘到一个结构的硬件，具有视觉冲击的效果。

6.8 无障碍指引系统设计

无障碍设计这个概念名称始见于1974年，是联合国组织提出的设计新主张。无障碍设计强调在科学技术高度发达的现代社会，一切有关人类衣食住行的公共空间环境以及各类建筑设施、设备的规划设计，都必须充分考虑具有不同程度生理伤残缺陷者和正常活动能力衰退者（如残疾人、老年人）群众的使用需求，配备能够应答、满足这些需求的服务功能与装置，营造一个充满爱与关怀，切实保障人类安全，方便、舒适的现代生活环境。

任何导视系统都应该是在以人为本的基础上来实现引导功能。在我们的城市里，要能为男女老幼、残疾人、外国人等所有人群提供便利生活，要能见到越来越多的手拉环、盲文指引、斜坡、专用盲道、无障碍公共厕所等。人不但能安全、舒适地使用导视系统，而且能从导视系统的使用过程中获得心理享受所产生的愉悦感，包括安全感、自信感、荣誉感、兴奋感和满足感等。单一的、标准化的导视系统是不可能让人获得这种心理感受的。目前，对环境导视系统设计中的无障碍指引系统的设计已经成为我们现代化设计必须考虑的重要因素之一。

6.8.1 无障碍指引系统在规划初期需要考虑的问题

（1）地域引导和诱导等视觉标识应使高龄者、轻度视觉障碍者、听觉障碍者、轮椅使用者等容易理解判别，充分考虑设置场所、高度、文字的大小、色彩、设计编排等要素。

（2）重度视觉障碍者的信息传递一般有点字的地域诱导设施、地面铺设等诱导设施及声音引导等共同使用。地面铺设设施以 300 mmx300 mm 为单位，用黄色区分开，并使用防滑材料。

（3）听觉障碍者的信息传递一般有文字、光、视觉标识、震动等共同使用。

（4）轮椅使用者的视点平均高度为 1150 mm，最大高度为 1750 mm，标识看板的内容高度应设置在 700~1750 mm 的高度。为了方便通行，通道中的标识看板不宜太低，并为轮椅使用者提供其通道地域引导。

（5）不同障碍者的利用设施应有标识引导，一般应采用国际通用标准图形。

还有一点值得提出的是，对普通人没有危险的地方，在特殊情况下（如火灾等）对高龄者和障碍者来讲，就有可能成为一种障碍，或不能简单通过，有可能造成受伤甚至丧失生命。因此，无障碍步行标识不但要告诉使用者那里可以通过，还要警示那里不可以让高龄者和障碍者通过。

6.8.2 在无障碍引导标识设计中，应针对高龄者和障碍者注意以下几个方面

（1）不易听到声音的引导。因警笛警报不易听到，有时会出现生命危险，需要用醒目的文字明确告之。

（2）不愿意向他人多打听。复杂的地方要有人员向导。

（3）总有不放心的感觉，想要反复确认信息。尽量在每一个路口都设置导视标识。

（4）轮椅使用者视点较低，过高或过低位置的小字不容易看到。

（5）在轮椅不能通过的路段，要在路口设置预告标识并在相应的导视图上标示清楚。

（6）轮椅可以使用的厕所，要有明显的导视标识。

（7）对全盲者来说，需要提高声音、脚感（地板的变化、点字砖等）、手感（扶手、浮雕文字、有凹凸的地图、点字盲文等）来导向。

（8）对弱视者来说，文字要大、明暗分明，对标志要有照明。

（9）色盲、色弱者对色彩的标记难于辨认，这时要突出标识中的文字和图形的功能。

6.9 手机 APP 导视应用设计

随着时代的发展，智能手机和移动互联网的普及，使得手机 APP 得到了广泛的推广和引用。APP（application）指第三方智能手机的应用程序，在一定程度上将碎片化

的信息和时间高效整合，忽略了空间地域的差异和阻隔，具有便携性、实时性、定制型、定向性的特征。这些特征使得手机 APP 成为当今信息传播的主要工具之一，将其与环境导视设计相结合就产生了手机 APP 导视应用设计。

功能性、规范性和美观性是手机 APP 导视应用设计中的三大要素。从功能性设计入手，在应用智能手机中良好的原有功能的同时，开发新功能与环境导视设计相结合，用手机 APP 的形式将原有环境导视设计表达得更完整，使用得更方便和更快捷。其规范性主要体现在制作过程中，准确地在手机 APP 中表达环境导视设计内容，并在设计过程中严格按照手机 APP 制作标准进行。其美观性是凌驾于功能性和规范性之上的，在与环境导视设计色彩风格相一致的基础上，用色彩和造型让每个页面相互连贯，整体风格统一，拥有良好的趣味性和美观度。

（1）在手机 APP 导视应用设计中，功能性设计主要由以下三个功能组成。

① 信息展示功能。信息的展示是手机 APP 导视应用设计中最为核心的内容，通过将前期调研和设计的内容归纳总结，用简单明确的图形、文字、影像的方式展现在手机 APP 中，将复杂多变的现实场景转化为清晰条理的逻辑程序，大而化小突出环境导视设计中的人性化。例如图 6-13 中，结合前期调研信息用简单的标识概括景点特色，点击标识即可查看景点相关信息，让使用者可以更好地了解旅游景点。

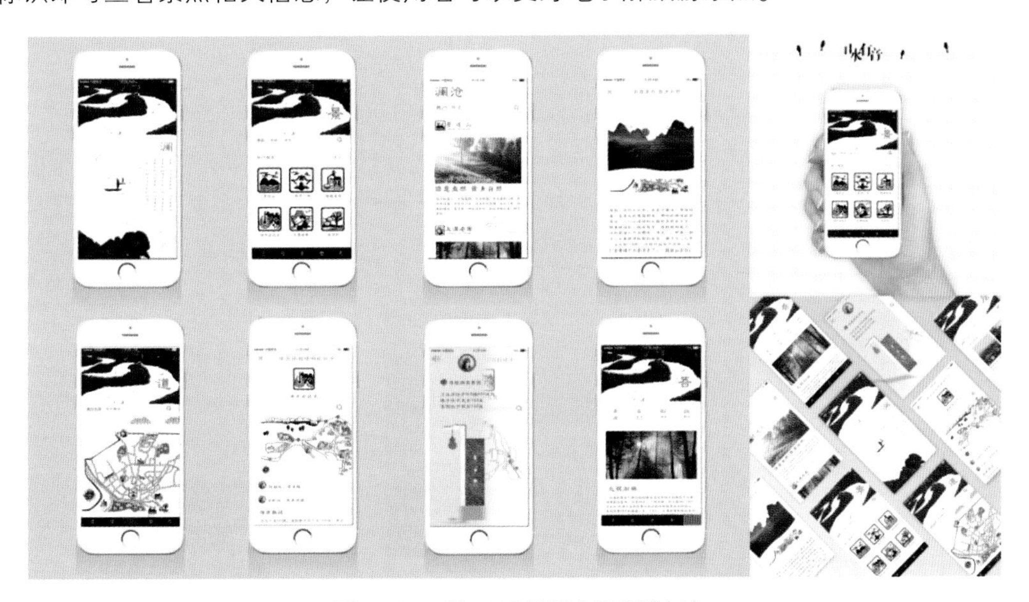

图6-13　手机APP导视应用设计（1）

② 导向功能。导向功能在手机 APP 导视应用设计中主要通过智能手机的先进科技来体现。例如实时定位、GPS 导航等功能与环境导视设计内容相结合，将设计内容图形化和文字化，然后用手机应用程序的形式表现在手机上，让使用者通过使用手机 APP 更快、更便捷地了解整个环境导视设计内容，从而更好地达到设计目的。

③ 搜索功能。手机 APP 导视应用设计中人性化的地方就凸显在搜索功能，使用者只需要输入关键词或扫取专属二维码就可以快速地在手机 APP 上收到自己所要的信息。例如图 6-14 中，

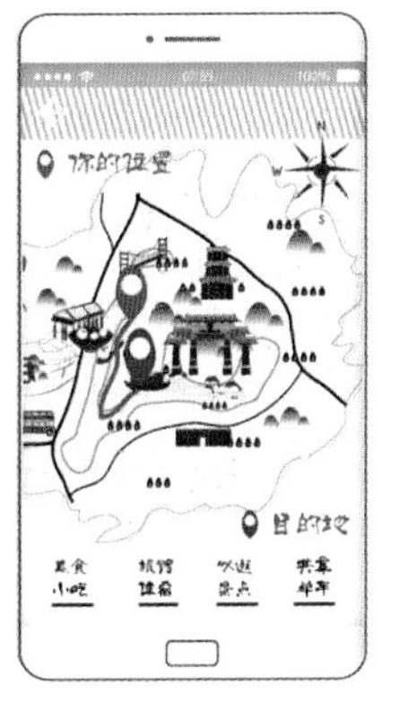

图6-14　手机APP导视应用设计（2）

用二维码与导视牌相结合，让游客用手机 APP 去扫一扫导视牌上的二维码，即可快速在地图上确定自己的位置，并了解周边的环境，以及制定下一步的路线。

(2) 在手机 APP 导视应用设计中，规范性主要体现在 APP 界面设计，规范设计手机 APP 界面需要注意如下环节。

① 视觉设计：一款手机 APP 应用或系统首先是通过界面将整体性格传递给使用者，体现了界面上风格营造的氛围，属于产品的一种性格。视觉设计的姿态决定了使用者对产品的观点、兴趣乃至后面的使用情况。APP 界面的视觉设计制作时应联系前期环境导视设计找到更多的共性，将环境导视设计的内容有条理地展示出来。

② 屏幕大小：手机屏幕大小有限，设计时排版要有网格关系，注意图片的分辨率和字体的大小尺寸，让图片和文字在手机界面的观看效果达到最佳。

③ 逻辑设计：在手机 APP 设计中信息的层级关系是最为核心的，所以在设计手机 APP 导视应用前就要整理总结，有逻辑性地归纳设计内容的主次关系、串联关系、并联关系等，最终整合在页面排版和层级跳转中表达出来。例如图 6-15 中，第一界面为目录，第二界面为景点介绍，这两页的关系为串联关系。第三界面为景点地图，它与第一界面的关系为串联关系，与第二界面为并联关系。它们三者又可以相互转化。

(3) 在手机 APP 导视应用设计中，美观性主要是满足使用者的审美需求，引起使用者的使用兴趣，在表达完整设计内容的同时凸显设计内容的重点和亮点，让原本枯燥的文字内容变得更有趣。

(4) 手机 APP 导视应用的界面设计内容。在设计制作前要确定基础要素设计，主要包括标准色定义和规格定义，用树状图的形式对内容的标题进行梳理定义，其次将内容整理后进行图面上的设计表达，分别有开场界面、登录界面、个人中心界面、目录界面、简介界面、地图界面、导航界面、游客中心界面、互动界面、搜索功能等。

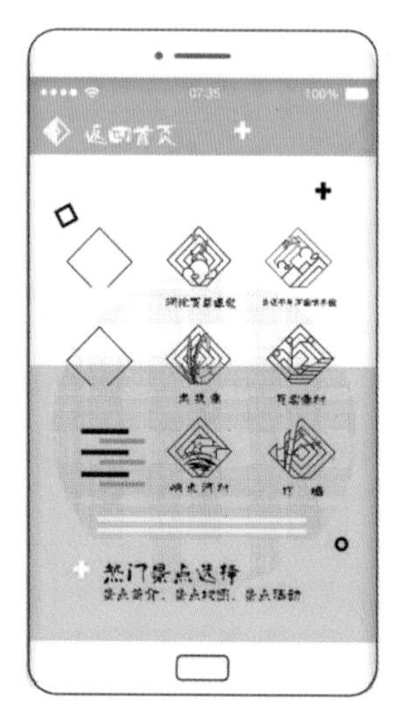

图6-15　手机APP导视应用设计(3)

① 开场界面。开场界面主要包含设计主标识（LOGO）、设计标准字、呼应设计主题的界面背景和引导性文字或图形。这些设计内容所表达的功能如下：LOGO 和标准字的展示突出设计主题，点明设计主旨，让使用者读取信息的同时了解 APP 的主题；界面背景的设计首先要融入整体设计风格之中，其次拥有设计风格的同时还需拥有概括能力，使得使用者快速了解整个手机 APP 的主题，与主 LOGO 相呼应；指引性的文字和图形主要功能是引出下一步，如登录、目录和一些特色性的功能（见图 6-16）。

图6-16 手机APP导视应用设计(4)

② 登录界面。登录界面的主要功能是收集游客信息，统计使用人数。登录界面主要包括用户名及密码输入窗口、登录按钮、注册按钮等。界面设计简单即可，主要突出输入信息的位置。设计时也可以将主 LOGO 融入界面，再次点明主题。

③ 个人中心界面。个人中心界面是突出设计“人性化”的关键。通过使用者的兴趣问答，程序会选择相关环境导视设计中的内容，提醒使用者观看。

④ 目录界面。目录界面可以理解为整个设计中的“骨骼”，将整个环境导视设计内容串联起来。目录界面在手机 APP 应用中为多个，不同的层级关系递进展开。目录界面中主要包括标题、标识、简介文字等。设计目录界面主要考虑文字与图形的网格关系，以及文字和图形的等级关系（见图 6-17）。

图6-17 手机APP导视应用设计(5)

⑤ 地图界面。地图界面的设计是手机 APP 导视应用设计中的重点。地图界面主要展示的内容是：前期环境导视设计中，区域规划设计产生的多种功能性的地图、地图上标识坐标的标识、重点标识的解释文字、特色定位或导航的图标按钮等。例如图 6-18 中，四个界面中共有两种地图：第一种是趣味地图，将主要景点放大用图形概括并保留一定的趣味性；第二种是坐标地图，其主要特点就是精准地定位城市中的建筑物，用格子将城市分区，将城市按层级关系由大化小，随着地图层级关系的缩小，展现城市功能的信息反而会增大。

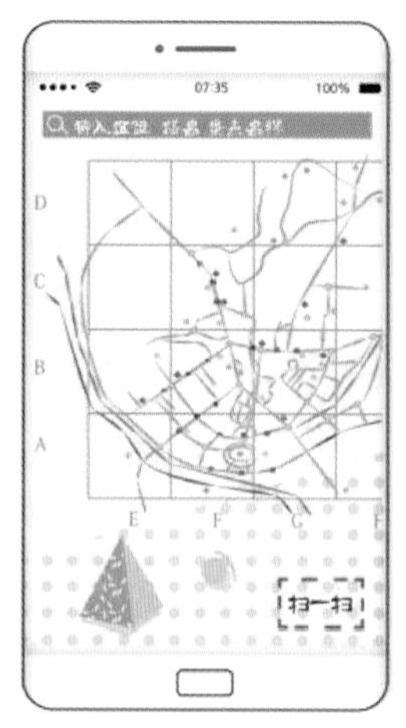

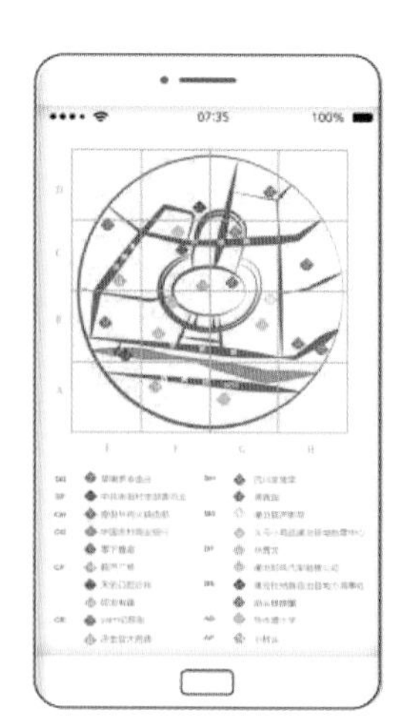

图6-18　手机APP导视应用设计(6)

地图界面的设计中，除去其基础的展示地图的功能外，还有一些特色功能，如 GPS 导航功能和扫码定位（见图 6-19）。GPS 导航又名卫星导航，广泛运用在手机地图 APP 中，它可以达到实时定位和设置选择最优路线等功能，有助于使用者快速找到自己所在位置和快速到达自己设定的目的地。扫码定位功能主要是用手机去扫描固定位置上的专属二维码，就可以快速定位，并得到位置相应的信息。这种方法可以和环境导视设计中导视装置的设计相结合。

⑥ 搜索功能。搜索功能主要出现在每个界面的一角，用一个固定的符号标志标识，主要功能是满足使用者快速寻找想要的信息。

图6-19　手机APP导视应用设计(7)

思考与设计

1. 简述在导视系统色彩设计中需遵循哪些原则，并做说明。
2. 简述在导视系统设计的初期需要做哪些工作。
3. 谈谈你对无障碍指引系统设计的认识和想法。

Reference

参考文献

[1] 肖勇，梁庆鑫.看！导视系统设计［M］.北京：电子工业出版社，2013.
[2] 赵云川，陈望，孙恺，等.公共环境标识设计［M］.北京：中国纺织出版社，2004.
[3] 王雪皎.导视系统设计的多元化走向［D］.中央美术学院，2008.
[4] 崔栋.城市形象公共环境标识系统设计研究［J］.大众文艺，2015（8）.
[5] 安德鲁•霍德森.公共环境导视［M］.吴宝强，译.桂林：广西师范大学出版社，2015.
[6] 安德烈亚斯•于贝勒.导向系统设计［M］.高毅，译.北京：中国青年出版社，2008.
[7] 王受之.世界现代设计史［M］.北京：中国青年出版社，2009.
[8] 洪兴宇.标识导视系统设计［M］.武汉：湖北美术出版社，2010.
[9] 瑞士 Niggli 出版社.版面设计网格构成［M］.郑微，译.北京：中国青年出版社，2006.
[10] 向帆.导向标识系统设计［M］.南昌：江西美术出版社，2009.